高校转型发展系列教材

首饰设计教程

曾　嫚　编著

清华大学出版社

北　京

内 容 简 介

本书介绍了首饰艺术的发展历史和民族风格、首饰设计的基本要求和过程、首饰设计的风格、首饰的设计元素、首饰制作工艺，展示了中外优秀首饰设计作品及沈阳大学美术学院首饰工作室学生的毕业设计作品，并作出直观的视觉解析。本书在内容方面力求体现知识性和技术性，注重全面性、系统性、针对性以及实用性，图文并茂，深入浅出，易于开展教学实践，便于初学者参照学习首饰制作，有助于读者较为全面地了解首饰设计艺术。

本书适合作为普通高等院校首饰艺术专业本科学生理论与实践课程的教材，也可供自学者学习和借鉴。

图书在版编目(CIP)数据

首饰设计教程 / 曾嫚 编著 . —北京：清华大学出版社，2020.10
高校转型发展系列教材
ISBN 978-7-302-56516-1

Ⅰ . ①首…　 Ⅱ . ①曾…　 Ⅲ . ①首饰－设计－高等学校－教材　 Ⅳ . ① TS934.3

中国版本图书馆 CIP 数据核字 (2020) 第 182542 号

责任编辑：施　猛
封面设计：常雪影
版式设计：方加青
责任校对：马遥遥
责任印制：丛怀宇

出版发行：清华大学出版社
　　　　　网　　　址：http://www.tup.com.cn，http://www.wqbook.com
　　　　　地　　　址：北京清华大学学研大厦 A 座　　　　　邮　　编：100084
　　　　　社 总 机：010-62770175　　　　　　　　　　　邮　　购：010-62786544
　　　　　投稿与读者服务：010-62776969，c-service@tup.tsinghua.edu.cn
　　　　　质 量 反 馈：010-62772015，zhiliang@tup.tsinghua.edu.cn
印 装 者：北京嘉实印刷有限公司
经　　销：全国新华书店
开　　本：185mm×260mm　　　印　　张：11.25　　　字　　数：230 千字
版　　次：2020 年 10 月第 1 版　　　印　　次：2020 年 10 月第 1 次印刷
定　　价：49.00 元

产品编号：072952-01

序

近年来，我国艺术设计学科教育发展迅速，在全国高等教育改革持续深入的新形势下，艺术教育也需要进一步深化改革。为推动教育的发展与教学的进步，沈阳大学开展了教材建设专项工作。美术学院根据自身学科特色，以公共艺术设计专业的必修课程为核心，组织编著了本教材，以教材建设来推动课程内容与教学模式的改革。

随着社会文化的蓬勃发展，公共艺术产业与公共艺术教育在当代多元化视觉文化领域具有鲜明的时代性与综合性，并在许多方面与其他艺术学科相互交叉，体现出公共艺术设计高等教育独特的学科特点，因此有必要对加强公共艺术专业建设、促进专业教学、提高本科教学质量进行系统而深入的探讨研究，而一套完整的教材可为此提供专业教学的理论基础。

在中国，传统首饰虽然有着悠久、灿烂的历史，但作为专门的设计基础课程被引入艺术设计教学的时间并不长。随着改革开放的深入和持续发展，以及中国经济与文化的崛起，在市场需求日益增长的前提下，首饰设计逐渐成为热门学科。沈阳大学是沈阳地区唯一开设首饰设计专业的综合性高校。首饰设计是公共艺术学科的主要专业之一，将随着学科的建设而逐步成熟。

本教材通过首饰艺术的系统性教学，依据应用型设计人才培养目标，将现代设计理念融入首饰基础教学，在教、学、做三结合的过程中，进行技术与艺术、传承与创新的整合与互融。

本教材由具有实践教学经验及多年校企合作和毕业设计辅导经验的教师来编写，从而确保了教材内容能够与企业生产实际紧密结合。在教材内容上，力求体现知识性和技术性，注重全面性、系统性、针对性以及实用性，使读者能够较为全面地了解首饰艺术。本教材是校企合作的重要成果。

希望本教材的出版，能够为首饰设计专业师生和对首饰艺术感兴趣的广大读者提供更多的选择和参考，同时为公共艺术学科建设与教学体系的完善提供重要的理论支持和技术支持。由于作者水平有限，书中难免存在不足之处，恳请读者批评指正。反馈邮箱：wkservice@vip.163.com。

解　勇

沈阳大学美术学院

2019年12月

目　　录

第一章
首饰艺术的发展历史和民族风格

第一节　首饰艺术的发展历史

　　首饰艺术作为艺术文化的一部分，是社会发展的象征，也是社会环境、政治、经济、文化各要素的综合体现。追溯首饰艺术的起源、演变和发展过程，了解它的特点，对于我们今天研究首饰设计及文化是极为重要的。我们沿着这条源远流长的历史长河，才能找到它的生命脉搏。首饰虽然体积不大，却能体现不同时代的文化习俗及审美情趣。首饰制作受到社会礼制的约束和传统习俗的影响，同时与工艺水平和设计理念有关。

　　首饰的产生可以追溯到史前文化。当时由于生产力低下，人类在适应自然的过程中，不断成为自然灾害的牺牲品。为了满足人类自身的需求，人们一方面积极地向大自然索求，另一方面被动地希望得到大自然的恩赐。面对无限神秘的自然世界，原始人类的心目中产生了多种神奇费解的情结。这种人之初的文化情结，通过各种艺术形式展现出来，形成了独特的艺术形式——原始图腾。

　　人类早在原始时期，就萌生了装饰自身的审美情结。在穿树叶、围兽皮的同时，他们把贝壳、兽骨、兽齿穿起来挂于颈间，把鸟的羽毛取下来插在头上。最早的首饰具有可以任意组合、串挂的特点，即人们可以用不同大小、形态的饰品按照自己的意愿构成其单件所不具有的组合物形态，如串饰等。经过反复的组合和比较，这些首饰便有了新的韵律，即对称和节奏感。这些远古装饰品的形态渗透出人类早期朦胧的装饰意识，反映出当时人类的文化状况和审美情趣，我们从中也可以感受到祖先灵动的思想和人类审美意识的启蒙。

　　到了旧石器时代晚期，首饰艺术有了更多的发展。通过考古发现，属于旧石器时代晚期的首饰有石、骨、牙、贝(蚌)、蛋壳五类材料。这一时期的首饰大部分还是相对粗糙的，小型首饰常经过细致的加工，穿有小孔或涂染红色的颜料。

　　进入新石器时代以后，原始人类在生产、生活中积累了更丰富的经验，能对更多种类的材料如石、玉、骨、贝等进行加工，生产出更多形状的装饰品，并对它们进行各式各样的组合。新石器时代的首饰不仅绝大多数有孔眼，可以以串挂的形式组合，还在造型上有圆形、扁形、管形、长方形、葡萄形、水滴形等。这种以各类精细或粗犷的物件装饰自己的行为在世界许多民族都十分常见。

从考古发现的项饰组合可以看到,当时的首饰有两个重要的特点:其一,首饰的物件总数都是偶数,表明它们是交错相间串连而成的;其二,多用长方形石片和管状骨珠相间串联,表明人们追求的是不同形态物品的组合,即变化统一法则。在原始先民看来,奇数的组合可能是不完美的,而形态完全相同的物品的组合似乎有些单调,因此采用对称的偶数以及形态富于变化的组合物才符合人们主观审美比较理想的境界。由此可见,在人们的审美情绪得到肯定的前提下,他们对首饰造型的追求并不是把简单的相同物集中,而是在类似之中求变化,在强调多样性的同时求统一,从而使首饰通过多个物件构成的组合造型体现出一种新的人工韵律美的变化与统一(见图1-1)。

图1-1　美洲虎牙齿项链

当人类社会步入文明时代之后,东西方的首饰艺术就产生了明显的差异。代表西方文化的希腊、罗马的首饰艺术在崇尚自然的基础上,以其独特的形式,把自然与艺术通过理性的自我探索紧密地结合在一起,显示出西方首饰艺术的魅力。东方艺术则以其深厚的文化积淀,追求艺术和形式的高度统一。东西方首饰艺术在相互交流、相互吸收、并行发展中,各自显示出不同的艺术时代风貌。

一、中国首饰艺术的发展历史

(一) 商周及春秋战国时代首饰

商周时期青铜工艺的繁荣和发展,为金银首饰工艺的发展奠定了物质和技术基础,同时玉雕、漆器等工艺的发展,也促进了金银工艺的发展。

商代首饰形制工艺比较简单，小巧简约，多为素面。商代善用锤揲工艺，将金敲打成金箔、金叶或金片，用于器物装饰，也可制成颇为独特的金面具(见图1-2)、金杖和各种金饰件。相比之下，少数民族尤其是北方匈奴的金银首饰制作工艺较中原和南方地区发达。北方匈奴族有许多采用锤揲、掐丝、编累、镶嵌等工艺制作的金银首饰，几乎各种细金工艺的技法均有使用，令人惊叹。这种差异性一直延续到战国时期。

图1-2　金面具(商)

玉饰在中国首饰艺术中独具魅力，占有重要地位。周时玉器中的玉礼器明显减少，佩玉则大量增加，而且工艺非常精湛，细腻精美。在两周时期用玉作为配饰极为流行，并被贵族用于显示身份地位和权势。春秋战国时期，人们已经掌握了焊接、刻画、镶嵌、鎏金、镂空、失蜡浇铸、金银错等技术。春秋玉器在继承西周玉器的造型、纹饰的基础上，又呈现多方面的创新。

春秋玉器的工艺可用"精细"二字来形容，无论是穿细小的直孔，还是修磨边角，或是表面纹饰，都是精雕细琢，一丝不苟。相较而言，商代、西周时期的玉器纹饰主要靠线条的变化来描绘图案，而大部分分出细廓，将画面圈在细廓内，表现主题花纹的是浅浮雕装饰技艺，线条仅起花纹图案的间隔作用，这种装饰方式更具有装饰意味、更规范化。可以这样说，线与面的和谐，浮凸花纹的千变万化，是春秋玉器装饰的主要特点(见图1-3)。

战国时的玉器在造型方面，方、圆、几何形器形进一步减少，其经典造型——S形龙凤玉佩则大量涌现，形式多样，千姿百态。S形艺术语言蕴涵阴阳太极、事物周而复始运动的规律，是中国艺术形式的母体(见图1-4)。

图1-3 玉扳指(春秋)

图1-4 龙凤纹玉佩(战国)

(二) 汉代首饰

汉王朝是朝气蓬勃、继往开来的大一统封建王朝，国力十分强盛。汉代首饰无论是数量、品种，还是制作工艺都远远超过先秦时代。汉代金银首饰制作工艺逐渐发展成熟，最终脱离青铜工艺的传统技术，走向独立发展的道路。汉代首饰在制作工艺方面产生了一些新的技法，如掐丝、金珠、焊接、镶嵌等。

汉代沉朴静郁，精致的首饰很少，显示出一种清新而淡泊的朴素美。如图1-5所示，双鹿纹金牌饰呈长方形，镂刻两只相对而立的鹿，鹿身各立一鸟，整个画面充满宁静和谐之感。

在汉代还首次出现了步摇，也是一种发饰，是汉代宫廷后妃的礼制首饰，后来流行了几个朝代。"步摇者，贯以黄金珠玉，由钗垂下，步则摇之意。"步摇将女子的风姿体现得淋漓尽致。

汉代有一种耳饰，称为"耳珰"，多呈腰鼓形，一端较粗，常凸起呈半球状。戴的时候以细端塞入耳垂的穿孔中，粗端留在耳垂的前部。材质有金属、玉和玻璃。此外也有带坠饰的耳环。

汉代玉雕工艺精益求精，普遍采用镂空技艺，透雕、圆雕及高浮雕的玉饰作品明显增多，流行舞蹈人物题材玉佩。图1-6是一件汉代玉舞人佩饰，采用平面双面透雕，并以阴线刻画出五官和服饰结构，舞女身着开衽曳地的长袖衣裙，一袖高扬过头顶，另一袖下垂，颈项和腰鼓微微扭动，姿态婀娜，轻盈飘逸。

图1-5 双鹿纹金牌饰(汉代)

图1-6 玉舞人佩(汉代)

(三) 唐代首饰

唐代是我国古代空前强大的一个时期，社会开放，与周边国家交往也很频繁，熔铸东西，渗用古今，糅合中外，创造了灿烂的盛唐文化。唐代社会经济繁荣，金银产量增加，使大量制作金银首饰成为可能，加之上层人士崇尚奢华，刺激了首饰制作的发展，使得唐朝成为我国金银首饰制作和使用的鼎盛时期。

唐代的金银艺术与传自中亚细亚古国栗特、波斯萨珊、印度、东罗马的金银艺术相结合，形成了制作工艺娴熟、精巧，造型典雅、华贵的艺术特征。唐朝的首饰制作工艺技术极其复杂精细，当时广泛采用锤揲、浇铸、焊接、切削、抛光、镀、錾刻、镂空等工艺，把金、银、珍珠、宝石相互搭配，发挥出不同材质的特点，充分展示首饰绚丽多姿、富丽精美的风采。

唐代的首饰风格具有博大清新、华丽丰满的特点，并富于情趣，摆脱了拘谨、冷静、神秘、威严的气质，使人感到自由、舒展、活泼、亲切。沿袭传统，钗和步摇仍是唐代妇女的重要发饰类型。唐代很重视发钗顶端的花饰，花饰越做越大，几乎与钗股等长。样式和纹饰更加丰富，有凤形、花鸟形、缠枝花卉等多种花钗。发钗往往一式两件，花纹相同，方向相反，以多枚左右对称插戴(见图1-7)。步摇在唐代颇受欢迎，遍及当时社会各个阶层，以达官显贵为甚。

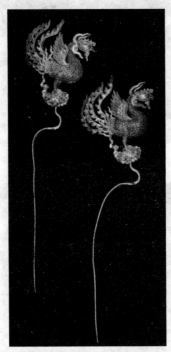

图1-7　鎏金花丝簪子(唐代)

(四) 宋代首饰

到了宋代，随着封建城市的繁荣和商品经济的发展，各地金银工艺制作行业十分兴盛，由此也带动了金银首饰业的发展。从敦煌莫高窟第98窟北宋初期壁画供养人的装扮来看，河西地区贵族妇女头上盛插花钗梳篦(见图1-8)，佩戴项链的风气比唐代更盛。宋代的首饰风格具有清新秀美、典雅平易的特点，虽然没有唐代首饰那样富丽堂皇、细腻华美，然而其洗练精纯、优雅含蓄(见图1-9)亦非唐能所及。

在玉雕首饰中，花鸟题材构成宋代玉饰艺术的一大特色，以写实造型见长，抓住刻画对象瞬间情态的主要特征，惟妙惟肖，形神兼备，尤其是各种透雕花鸟玉首饰令人赏心悦目。比之唐代，宋代纹饰的题材大多来源于社会生活，其表现内容更为丰富，亦更为生活化，具有很强的写实性和浓郁的生活气息。

宋代首饰风格对辽、西夏、金、大理的首饰制作工艺也产生了直接影响，同时这些地区的首饰做工和形制又具有浓厚的民族特色。

图1-8　银梳(宋代)

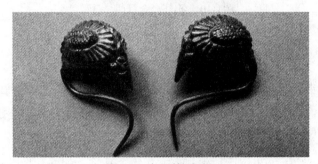

图1-9　金耳饰(宋代)

(五) 明代首饰

到了明代，各种技术条件日益成熟，促进了首饰工艺的发展，在题材、造型和工艺各方面都达到了空前发展的水平。明代首饰风格具有端庄、敦厚的特点，纹饰题材既传承了前代的传统，又有所发展，形成了丰富的主题。明代首饰中，模仿植物和动物的纹样较前代明显增多。其中，植物以花卉枝叶为多，如图1-10所示的牡丹形金簪，采用黄金、红宝石、蓝宝石制成，以锤揲的两重金叶构成舒展的牡丹花瓣，四周以叶相扶，栩栩如生。

明代首饰的造型款式与首饰工匠的设计构思以及当时人们的审美情趣密切相关。与宋元相比，明代首饰中素面者少见，大多纹饰趋向繁密，花纹组织通常布满周身，除细线錾刻外，亦有不少浮雕形装饰，对以后清代的首饰风格有着不可忽略的影响。

明代首饰特别是金首饰的工艺，较前代也有很大的发展。明代首饰很少采用单一的工艺制作，往往采用两种或者两种以上工艺，以其达到较完美的艺术效果。制作工艺以花丝工艺为主，有时也配以锤揲、錾刻、累丝、掐丝、炸珠、镂空、焊接、浇铸等工艺，做工精细，富丽堂皇，古色古香，有浓厚的宫廷气息。制作金簪时，通常在其顶部焊接用极细的金丝编制而成的金托，在托内镶嵌各色宝石及珍珠，鲜艳的宝石与灿烂的黄金交相辉映，富丽华贵。

图1-10　牡丹形金簪(明代)

(六) 清代首饰

由于清王朝坚定不移地推广满族服饰，使得本来只存在或主要存在于满族的某些服饰、配饰及首饰逐渐渗透到其他民族中。因此，清代首饰无论是种类还是造型，都比以往朝代的首饰要丰富。

清代首饰种类有朝冠、花翎、顶戴、扁方、簪、耳饰、朝珠、指甲套、环佩、荷包、领针等，很多首饰是清代所特有的，如朝珠、顶戴、花翎等冠服配饰。这些配饰是只有君臣、命妇才可以佩戴的礼制首饰，不允许黎民百姓佩戴，即使是皇室贵族，对于佩戴何种质地、何种颜色和何种数目的首饰，也有严格的区分和等级规定。

清代旗人女性发式经历了"两把头""叉子头""大拉翅"等几个阶段，具有明显的满族传统特色，而点缀这几种发饰的头饰也有其独特的民族风格。扁方是满族妇女梳"两把头"的主要首饰，起到横向连接的作用，其质地有金(见图1-11)、银、软玉、翡翠、玳瑁、檀香木等。由于受到汉族妇女头饰的影响，被汉人沿用了几个世纪的簪、钗、步摇等也受到满族妇女的青睐。进关以后，满族妇女特别是宫廷贵妇的簪饰越发讲究，多以金翠为材质，制作工艺十分讲究。随着满汉风俗习惯、服饰文化的融合，清宫后妃头饰逐渐被民间所吸收，由此演变出许多深受民间妇女喜爱的头饰，流传至今，影响很深。

图1-11　银镀金扁方(清代)

在首饰工艺方面，清代的制作水平远远超过其他朝代，技法得到了飞跃的发展。清代首饰制作工艺包括浇铸、锤揲、炸珠、焊接、掐丝、镶嵌等，并综合了阴线、阳线、镂空等各种手法。此外，清代还出现了"点翠"的新工艺。点翠，就是把翠鸟的羽毛依设计要求剪裁备用，然后用胶粘于金、银首饰上，要求贴得平整、匀称、不露底子。如图1-12所示的点翠凤形银簪，除了采用拉丝、累丝、錾刻、镶嵌、焊接等技法外，凤鸟的羽毛采用的就是点翠工艺，蓝白相间，素雅相宜。

从风格上看，清代首饰既有传统风格的继承，也受其他艺术及外来文化的影响。在继承吸收古今中外多重文化因素的基础上，清代首饰工艺获得空前的发展，从而展现出前所未有的洋洋大观和多姿多彩。对于清代的首饰风格，人们历来有两种不同的评价：有的赞赏它，认为它做工纤巧，丰富多彩，达到了封建时期的艺术高峰；有的贬抑它，认为它烦琐堆砌，格调低下，流于庸俗和匠气。从整体上看，清代首饰风格繁缛、精巧，尤其是为少数封建贵族统治者服务的宫廷首饰工艺，做法细巧、严谨，不惜工本，极尽奢华。纵观清代首饰，其中也不乏纹饰简洁大方的首饰。

图1-12　点翠凤形银簪(清代)

二、外国首饰艺术的发展历史

(一) 古代社会的首饰

随着历史车轮的前行，人类从茹毛饮血的原始社会逐渐步入文明时代，在世界的一些地方相继出现了文明的火种。例如，两河流域的美索不达米亚地区出现了古代农业公社，尼罗河流域的古代埃及人建立了民族国家。在这一时期，首饰的发展总体处于早期阶段，但是即便以今天的眼光来看，这些首饰也算得上构思巧妙、结构精美，反映了当时人们的审美特点和工艺水平。由于当时科学技术落后，人们对自然的疑问和对超自然力量的崇拜，也可以在这些首饰上瞧出一些端倪。

1. 苏美尔首饰

苏美尔人原是波斯帝国的游牧民族，当他们流浪到西南亚的底格里斯河和幼发拉底河的两河流域之间的美索不达米亚平原后，结束了迁徙的生活，逐渐演变成一个以农耕为主的民族，造就了古代苏美尔文明。苏美尔文明是全世界最早产生的文明，此时世界上的其他地方还处于石器时代，唯独苏美尔人率先开始铜石并用。在幼发拉底河、底格里斯河两岸，出土了铜珠、铜线，还有炼铜遗址。

苏美尔人，无论男女，都佩戴大量的首饰，包括护身符、脚镯和多层项链。苏美尔人已经掌握了相当高超的金属工艺，如珐琅、雕刻、金珠工艺和金银细工技艺。这一时期的首饰造型稚拙朴实，多呈叶片形、谷物形、螺旋形以及葡萄串形，多半由薄的叶形金片镶嵌玛瑙、青金石、玉髓、碧玉等色彩鲜艳的宝玉石制作而成。首饰的主题主要反映当时广为流传的古老传说，以及虔诚的原始宗教崇拜，强调精神上的作用，包括其他工艺品在内，几乎都不具有实用功能，而是为死者能够在来世继续"享用"而存在。生和死在苏美尔人的精神世界中占据同等重要的地位。

图1-13是苏美尔Pu-Abi皇后的头饰，由极薄的金箔制成。薄薄的叶片形和圆片形金箔编织起来，可以像流苏一样悬挂，成为头饰的主体。金箔上还点缀了青金石圆片，头饰的顶上装饰三朵盛开的金花。皇后的耳朵上戴着硕大的空心耳环，脖子上环绕着一圈圈用黄金、青金石和玉髓珠子串成的项链。

图1-13　Pu-Abi皇后的头饰(苏美尔)

2. 古埃及首饰

继苏美尔人之后，世界上第二个跨入文明行列的是尼罗河畔的埃及人。埃及位于非洲东北部，优越的地理位置使它能够同时吸收东西方文化，古埃及文明借助其得天独厚的自然环境和泛神论的宗教信仰而发展起来。首饰在古埃及社会象征着荣誉、权力和信仰，使用相当广泛。首饰种类主要有头冠、项饰、耳环、手镯、手链、指环、腰带、护身符等，制作精美，装饰复杂，并带有特定含义。

古埃及社会的各个阶层，上至法老，下到平民，生者死者，人人都佩戴首饰。古埃及法老、贵族的首饰多用耐久的金银合金和石榴石、绿松石、孔雀石、玉髓、青金石等宝玉石制成。平常百姓所戴首饰一般用釉料制成，通常以石英砂或石子为坯，再饰以玻璃状的釉料。古埃及制作首饰的材料多具有仿天然色彩，取其蕴含的象征意义。例如，金是象征生命源泉的太阳；银代表月亮，也是制造神像骨骼的材料；来自阿富汗的天青石是保护世人的深蓝色夜空；来自西奈半岛的绿松石和孔雀石象征尼罗河带来的生命之水；尼罗河东边沙漠出产的墨绿色碧玉好像新鲜蔬菜的颜色，代表丰产和新生；红玉髓及红色碧玉的颜色像血，象征生命。图1-14为公元前1900年制作的金丝细工首饰，镶嵌彩色玻璃，看上去就像染了色的玻璃窗，跳跃着鲜活的色彩。

图1-14　胸饰(埃及)

古埃及首饰艺术虽然历史悠久，但在整体表现手法上蕴含着某些现代审美意识。例如，几何纹样的大量应用、形态的变形处理等，都具有很强的现代感。埃及首饰带有很强的精神意识，圣甲虫的造型几乎是古埃及民族的标志，被广泛地应用于首饰中。人们认为小甲虫的力量来自冥界、来自神，于是尊封其为"圣甲虫"，并将甲虫图案装饰在戒指、吊坠、手镯上，作为护身符随身携带。图1-15为公元前1050年的圣甲虫脚镯，由黄金、青金石制作而成。古埃及金工艺术的杰出代表作品为古埃及法老图坦卡蒙的黄金宝座、黄金面具和巨型王棺。黄金宝座全部用黄金包裹，錾花的浮雕图纹上镶嵌着各色玉石，更显豪奢华丽之极。用黄金和宝石制成的其他各种首饰也是古埃及首饰艺术的珍品。从这些作品中我们可知，远在3000多年前的古埃及人已经掌握了錾花工艺、金箔制作、包金装饰、黄金表面敷彩以及金线、金粒的制作等多种繁杂的金工技艺。

图1-15 "圣甲虫"脚镯(埃及)

3. 古罗马首饰

公元前1世纪末，罗马帝国在古代西方处于主导地位，古罗马取代古希腊成为欧洲新的艺术中心。借助地中海和欧洲国家丰富的物质资源，古罗马制作首饰的材料十分广泛，虽然古罗马本地并不盛产宝石，但来自埃及、巴尔干半岛、红海、印度洋、小亚细亚等世界各地的黄金、珍珠、水晶等宝石材料使得古罗马人智慧的艺术构想得以实现。

古罗马首饰材质的重点由黄金转向宝石，充分利用各种宝石材料的色彩，自然配色，蓝宝石、珍珠、玛瑙等组合而成的首饰色泽雅致，赏心悦目。图1-16为13世纪的宝石耳环，由细金丝绕成，轮廓清晰，在圆柱形蓝色青金石两侧搭配翠绿色祖母绿，形成淡雅的配色风格。由于古罗马服装不是依靠针线缝制成的，胸针便成为古罗马早期主要的首饰类型，它可以起到扣紧衣服的作用。古罗马首饰流行半球造型，被广泛应用于项链、耳坠和手链中。此外，印有人物头像的硬币戒指也很流行。图1-17为2—3世纪的硬币戒指，由黄金制成。最初，这些戒指用于私人印信，随着时间的推移，渐渐变成纯粹的装饰物。戒面可能是铭刻吉祥图案的金质材料，或者是浮雕人物、动物图案的宝石，或者是素面宝石。戒指对于古罗马人来说不仅起装饰作用，它还是佩戴者身份和地位的显著标志。除了戒指，其他首饰如手镯、耳饰、项链也在日常生活中扮演了重要的角色。

图1-16 宝石耳环(罗马)

图1-17 三枚硬币戒指(罗马)

(二) 中世纪的首饰

大约公元400年，古罗马帝国逐渐衰亡，由此开始至13世纪，欧洲进入了"中世纪"。在这逾千年的漫长岁月里，基督教成为当时的精神支柱，并与强权结为一体，规范人的一切思维和活动，包括首饰艺术在内的众多艺术和文化深受影响。

中世纪首饰的种类主要是胸针、带扣和坠饰，并且显示出为宗教服务的功能性。肖像圣骨匣和十字架被装饰得越来越华丽，而项链和戒指等日常首饰却变得越来越简朴。从某种意义上说，中世纪限制了首饰艺术的发展，使其处于停滞甚至倒退的状态，该时期的首饰毫无灵气。相较而言，拜占庭帝国首饰有一些可圈可点的地方。现在所说的"拜占庭首饰"主要指的是拜占庭艺术处于巅峰时期的公元6世纪的首饰。拜占庭文化的影响随东罗马帝国的扩展而不断增强，公元6世纪时，帝国版图几乎囊括整个地中海沿岸乃至埃及和小亚细亚。拜占庭文化还影响了欧洲的基督教国家，特别是公元1204年君士坦丁堡惨遭掠夺，大批珍贵首饰被带到西方，对中世纪欧洲的首饰艺术产生了重大影响。

拜占庭首饰的种类和古罗马差不多，但首饰造型一改古罗马首饰简单朴素的风格，首饰的图案和款式极尽华丽。耳环主要有船形和悬垂式两种基本造型，垂饰有透空的镶嵌宝石的垂饰，也有圆形或六边形浮雕式垂饰。图1-18为17世纪的船形耳饰，采用透雕细工技术制作而成。随着服装面料变得越来越轻薄，原本用于扣住厚重斗篷的别针变成纯粹的装饰品。

拜占庭首饰大量使用了有色宝石、珍珠等材质，并从古罗马前辈那里继承并发展了透雕细工技术和珐琅彩绘技术，因此该时期的首饰作品达到了一个前所未有的精致程度。图1-19为公元600年拜占庭的珠宝，由黄金、珍珠、珐琅、红蓝宝石、钻石制作而成。

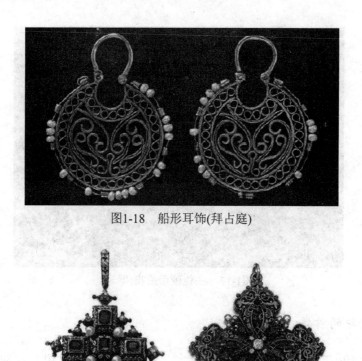

图1-18　船形耳饰(拜占庭)

图1-19　拜占庭珠宝

(三) 文艺复兴时期的首饰

人文主义的曙光照亮了欧洲弥漫着浓厚中世纪宗教意味的星空，思想解放运动促使古希腊、古罗马艺术的复归。相对于中世纪首饰的单一题材，一方面，文艺复兴时期首饰的题材有所扩展，恢复了希腊神话的主题，包括神话、寓言故事和奇异动物等，同时继承了罗马人务实的传统，以现实人物造型为主题；另一方面，没有抛弃基督教的内容，而是进行了改良，保留了圣母和圣子、十字架、天使等宗教主题，但不像中世纪时期的形象那样僵化死板，而是以有血有肉的形象来完善宗教内容。在文艺复兴时期，坠饰和胸针是主要的首饰品种。因为当时流行的女性服装款式多为低领露肩，适合佩戴项链。在首饰造型方面，出现了有浮雕人物塑像图案的宝石，如红色的鸡血石、蓝色的青金石、各种形状和尺寸的珍珠，尤其是不规则形状的巴洛克珍珠，常用来表现躯体部分。图1-20为1580年的人鱼形项链，由黄金、珍珠、红宝石制作而成。

14至15世纪，哥特式首饰在当时哥特式建筑风格的影响下产生。哥特式首饰比较典型的是项坠的壁龛造型，造型的两侧是壁柱，两个壁柱之间容纳一个或几个人物。这种造型大约源于伊比利亚半岛，文艺复兴时期在许多国家较为流行，尤其是意大利和德国。

图1-20　人鱼形项链(意大利)

16世纪晚期，流行项坠下面悬挂巴洛克珍珠的首饰款式。这些珍珠在项坠上的作用不纯粹是装饰，它们还起到保持整个构图平衡和稳定的作用。

(四) 17至19世纪的首饰

17世纪的欧洲进入大变动的时代，其艺术的发展趋势与当时的政教权争有很大关系。

17世纪，首饰的主题不再采用之前被推崇的神话或宗教题材，而是更加富于生活气息，大量采用花卉图案。这一时尚风潮源于法国，并很快传播开来，各种花卉甚至蔬菜都被用到首饰设计中，郁金香成为最受欢迎的主题。

在造型上，巴洛克风格首饰表现为流线型，生动活泼，形式多样，多呈对称样式，风格华丽多彩且富于变化，突显贵族生活的奢华。图1-21是18世纪初的巴洛克式花卉形胸针，采用珍珠、黄金制作而成。

图1-21　巴洛克式花卉形胸针

17世纪的首饰制作技术获得了长足的进步，主要表现在宝石切磨技术的进步和镶座更加轻巧两个方面。在此之前，人们认为黄金和珍珠是最贵重的，因为它们不用打磨就能显示美丽的外观。但是，当宝石刻面琢磨工艺发明之后，欧洲的首饰工匠发现，琢磨出小刻面的红宝石、蓝宝石和祖母绿除了具有鲜艳的色彩外，还能散发出熠熠光辉，为首饰增添光彩。同时，在服装领域，柔软轻薄的丝绸和蕾丝取代了以往厚重的布料，与之相适应，首饰的造型也从粗重、刚硬走向了纤巧、柔和。

18至19世纪的欧洲进入了相对稳定与和平的时期。在这一时期，纤巧、烦琐的洛可可风格成为流行时尚，无论是建筑、服装还是首饰，都采取了一种不自然且繁缛的样式，它摒弃了巴洛克时代的夸张及深刻，采用羽毛状、花朵状、带状、树叶状和漩涡形的造型，通过纤细柔婉的线条表现奢丽纤秀和古典婉约。图1-22为18世纪晚期的洛可可式花卉形胸针。

图1-22 洛可可式花卉形胸针(西班牙)

为了迎合日益盛行的社交活动，还首次出现了白天和夜晚分别佩戴的首饰，采用的造型、风格和材质都不同。在夜晚佩戴的首饰中，钻石被广泛地运用。同时，为了丰富首饰的色彩，还大量采用了彩色宝石和珐琅彩釉，尽显首饰之华丽本色。而白天佩戴的首饰则选用了一些不太贵重的材料。例如，这一时期较为常见的短链就大量使用次宝石和贱金属作为制作材料，功能和样式也很多，可以悬挂挂表，也可以悬挂针线、剪刀等其他实用的小物件，是一种实用性和装饰性相结合的首饰，如图1-23所示。

图1-23 短链和挂表(英国)

(五) 新艺术主义首饰

19世纪末兴起了一种被称为"新艺术主义"(Art Nouveau)的艺术革命运动，它源于19世纪80年代的工艺美术运动。运动倡导者认为，工业革命带来的技术进步毁掉了艺术，特别是手工艺术。机械化生产的工艺品忽略了创造性设计，制造出来的产品千篇一律、生硬呆板，没有生气、没有个性。运动的宗旨是复兴手工艺术，为普罗大众提供独具个性的实用艺术品。

新艺术主义首饰除了以常见的动植物如鸢尾、孔雀等作为设计主题外，蝴蝶、飞蛾、甲虫、黄蜂和蚱蜢也是那个时代艺术者作品的重要主题。图1-24是法国的勒内·拉利克于1898—1899年设计的孔雀胸针，采用黄金、欧泊、珐琅、钻石制成。图1-25是勒内·拉利克于1903—1904年设计的甲虫胸针，他设计的甲虫拥有欧洲甲虫的颜色和形状，但腿上长有刺，其形态借鉴了印度一种珍稀甲虫品种的样子。首饰与实物的大小相同，甲虫头部微微凹陷的细节处理十分逼真，让人怀疑这件首饰是否由真正的甲虫铸造而来。乔治·弗奎特也是法国首屈一指的首饰设计大师。1899年，他设计了一个带有羽翼的大蛇造型的手镯及戒指，采用黄金、欧泊、珐琅、红宝石制成，成为著名的新艺术首饰之一，如图1-26所示。

图1-24　孔雀胸针(法国)

图1-25　甲虫胸针(法国)

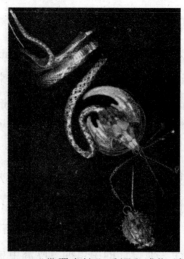

图1-26　"带翼大蛇"手镯和戒指(法国)

(六) 装饰艺术风格首饰

1910年前后，装饰艺术运动(Art Deco)开始萌芽，这是继新艺术运动之后的一场国际性设计运动，起源于法国巴黎，并席卷了欧美的许多国家。它的名称来自1925年在巴黎举办的一次展览。第一次世界大战往往被当作新艺术运动与装饰艺术运动的分水岭，但实际上，在第一次世界大战爆发的前几年就已经出现了具有装饰艺术风格的经典作品。图1-27是宝诗龙公司于1925年推出的胸针，采用玛瑙、珊瑚、钻石制成。

装饰艺术运动提倡"功用重于装饰"的首要原则，这一原则在后来的设计学中被奉为经典，并成为装饰艺术超越新艺术运动且具有现代特征的一种体现。在装饰艺术运动时期，机器生产的意识已然萌芽，这一时期的艺术家和设计家虽然不像新艺术大师那样极端地排斥并抵制工业化生产，但也没有真正地迎合工业化。几何形首饰看似是由机器制造的，其实是工匠们手工精心制作的，重复数量十分有限，它强调的装饰美是当时的工业水平所无法企及的。

图1-27　宝诗龙胸针(法国)

(七) 近代首饰

第二次世界大战的爆发严重地压抑着女性对于美的追求和对于奢华首饰的憧憬。战争结束后，这种压抑使设计又一次明显地趋向十足的女性化，趋向性感。当时，妇女在晚会上热衷于用特制的黏合剂把宝石贴在脸颊上作为装饰，据说这是过去点黑痣的遗风；头发上也多用镶嵌首饰的梳子、发卡装饰；在大大的领口上，常用饰针点缀；耳饰流行吊灯形或下垂的长耳坠，还有夸张的花形耳饰；项链则流行长至腰部的一圈或几圈的样式。

20世纪60年代，在追求新颖、古怪、新奇的"波普运动(POP)"的推动下，色彩强烈、造型怪异、取材自然、粗犷不羁的首饰受到了青年们的青睐，大行其道，广为流行。着装不修边幅，蓄着长发，头上缠绕着印第安风格的布条，插着野花，戴着手工制作痕迹明显的不规整的项链，赤着脚丫穿草鞋，就是当时经典的"时尚形象"。

20世纪70年代是"朋克(Punk Look)"引领时尚的年代。摇滚乐队手将闪闪发光的别针、回形针、拉链、锁链和刮脸刀随心所欲地装饰在清一色的黑皮夹克上，或挂在耳朵和脖子上，引得当时的青少年纷纷效仿，它们一夜间成为"时尚首饰"的代表。在那个年代，一切闪光的东西都可以是首饰，首饰就是一切闪光的东西。

时至今日，科技高度发展，快节奏的现代化社会让人们体验到物质上的奢华，而人们的心灵则充满对个性的渴求，以及对回归自然和简洁经典的追求，首饰设计呈现多元化。图1-28是达利于1941年设计的"时间之眼"胸针。

图1-28　"时间之眼"胸针(西班牙)

第二节　首饰艺术的民族风格

首饰是文化的载体，首饰是民族的符号，不同民族的文化心理通过首饰得到了象征性的体现。人们往往可以通过对首饰的理解和研究，探寻到蕴藏在首饰背后的文化内涵。

一、欧洲首饰

(一) 西欧首饰

西欧的现代首饰设计风格渗透出现代艺术的气息，或者更为准确地说，现代艺术萌生了现代首饰设计的风格。

第二次世界大战后，德国(当时的西德)、英国、荷兰、奥地利、瑞士等国的许多首饰设计者在运用材料方面开始新的探索，尝试采用一切可能的非传统材料来表达设计理念。在设计风格方面，许多设计者深受20世纪六七十年代流行的荷兰抽象画派的影响，充分展示了源于抽象派美学思想的一种形式上的精炼简洁的追求。图1-29中的万宝龙项链就体现了这一理念。

图1-29　万宝龙项链(德国)

受西方诸多艺术设计思潮的影响，在最近几年里，首饰设计尤其强调摒弃"首饰代表身份"的观念，提倡使用廉价材料，主张以设计理念取代形式要素，使设计者个人的艺术观念在设计中起主导作用。图1-30中的Nissing男戒就体现了这一设计理念。

图1-30　Nissing男戒(德国)

意大利的首饰业历史悠久，早在文艺复兴时期，意大利的首饰业就很繁荣。为了满足人们对黄金和宝石的大量需求，佛罗伦萨、罗马、米兰等地开设了几十家从事宝石加工的作坊。作为文艺复兴的发源地，意大利文化遗产丰富，加上发达时装业的刺激，为意大利人提供了多元的设计灵感，因此首饰原创性强，充满想象力，工艺水平高超。时至今日，意大利仍是全球著名的首饰生产基地之一，首饰设计水平首屈一指，尤其在黄金首饰方面，其设计水平和加工技艺堪称世界顶级。

(二) 俄罗斯首饰

俄罗斯首饰大致以公元1000年以来俄国制造的首饰为代表，虽然首饰风格受到拜占庭风格的影响，但仍具有自己的特点，特别是在花丝、凸纹制作(浮花)、錾花、景泰蓝、粒化和乌银等金属表面修饰工艺方面。19世纪中叶开始，闻名遐迩的首饰设计制作大师彼得·卡尔·费伯奇(Peter Carl Fabergé)将俄罗斯首饰的设计制作水平推上了巅峰，许多外国元首，其中也包括中国皇帝，都收到过沙皇赠送的费伯奇首饰中最为人们所熟知的蛋形吊坠，其外表像一个小小的蛋，可以悬挂在项链上，用黄金制作并用烧蓝和宝石装饰。此外，也有一些较大的蛋形饰品。费伯奇为沙皇制作的蛋形饰品叫复活节彩蛋，如图1-31所示，这是费伯奇最著名的一件作品，是沙皇尼古拉斯二世加冕典礼后送给皇后的第一个复活节礼物，彩蛋里面有一辆小巧精致的加冕典礼马车模型。图1-32是惊喜复活节彩蛋，是沙皇尼古拉斯二世送给母亲的复活节礼物，上面用黄金、珐琅、珍珠和玫瑰琢型钻石装饰，还镶嵌有沙皇和两位小公主的肖像画。多年下来，费伯奇共设计制作了50多个复活节彩蛋。

图1-31　加冕典礼复活节彩蛋(俄罗斯)

图1-32　惊喜复活节彩蛋(俄罗斯)

二、亚洲首饰

(一) 印度首饰

东亚及东南亚地区的首饰有着强烈的民族风格和鲜明的艺术个性，大多追求圆满、丰富的心理意象，追求形与色的组合，讲究造型对称。印度首饰的造型中心大多以某一种形象为主，其他形象围绕中心按主次关系排列，呈现热烈的艺术气氛，体现了东方人特有的审美意象。

印度风格的首饰含有宗教意味。图1-33是印度教徒信奉的舞王湿婆项链吊坠，采用黄金、红宝石制成。

图1-33 湿婆项链吊坠(印度)

(二) 日本首饰

日本人较少使用首饰，他们的传统服装是和服，不适宜佩戴项链、胸针等首饰，而且日本本土缺少宝石资源，因而自公元前1000年至近代，日本的首饰品种非常有限。日本常见的首饰主要有妇女用的发梳、发夹以及简单的耳环，男士悬挂在腰部的饰品，还有一些首饰盒等。19世纪以来，日本的烧蓝工艺发展很快，产品非常多样，且十分精美。第二次世界大战后，日本经济高速发展，日本人的消费习惯发生了很大变化，对首饰的喜爱程度陡增。当今，日本以铂金首饰的设计、生产与消费而闻名于世，同时批量生产仿宝石首饰。日本首饰风格最大的特点就是艺术上的综合性。

　　历史上，日本人从未停止过对外来艺术的汲取。日本的首饰艺术受中国的影响很大，日本设计者从中国学会了漆艺和烧蓝技术，并将它们发扬光大。图1-34为"雪白"系列项饰，采用黄金、珍珠、漆艺制成。"日本"一词的英文名称"Japan"就是"漆艺"的意思。日本人还从中国发现了一种适合于他们精神气质的艺术表现手法——线条的装饰化运用，同时从西方艺术中得到了色彩的启示，增强了线条的刚硬感和色彩的朦胧感，恰好符合日本人敢作敢为和深沉忧郁的文化心理。

图1-34　"雪白"系列项饰(日本)

三、美洲首饰

美洲各区域、各民族的首饰风格迥异，反映出不同的审美情趣和地域环境。

(一) 南美洲首饰

　　南美洲的首饰艺术主要集中在以秘鲁为中心的安第斯山区，采用的材料主要是金和铜合金。首饰类型包括胸饰、鼻饰、耳饰、唇饰和面具等，多采用錾花、浮花、花丝及假花丝工艺，以写实主义风格著称的莫奇首饰是争奇斗艳的安第斯山首饰艺术中的一朵奇葩。精美的齐穆金银首饰是安第斯山首饰艺术的杰出代表，常见的种类有胸饰、项饰、耳饰、面具、王冠等。齐穆黄金首饰有两个显著特点：一是多以联珠纹加以装饰；二是多镶嵌宝石。这两种装饰手法丰富了黄金首饰的材质肌理，同时增加了作品的精美程度。图1-35中的人像匕首把采用黄金和绿松石制成，是典型的齐穆黄金首饰。

图1-35　人像匕首把(南美洲)

(二) 中美洲首饰

在中美洲今墨西哥东南、危地马拉、洪都拉斯及萨尔瓦多西部，玛雅人创造了印第安各族中成就最高的文化——玛雅文明。玛雅文明被人们视为美洲印第安人的文化摇篮，在首饰和其他艺术领域所取得的巨大成就对美洲大陆后来的文化影响重大，因而玛雅人有"新大陆的希腊人"之称。公元4—9世纪，是玛雅文明的全盛期。

玛雅文明中玉器艺术十分发达，具有神秘、威严、古朴的艺术特色。首饰以翡翠耳饰、戒指、唇饰较为常见，大多运用夸张变形的手法，古拙浑厚、造型洗练，充分显示材质肌理，如图1-36、图1-37所示。与天文、历法等诸多领域一样，玛雅人的首饰也完全是为神服务的。因而，他们的首饰风格与装饰图形、文字的风格比较统一，都表现出较强的宗教性质，深受宗教信仰和宗教观念的支配，完全体现宗教的意志，带有浓郁的神秘主义色彩和宗教气息。

图1-36　人像匕首把(墨西哥)

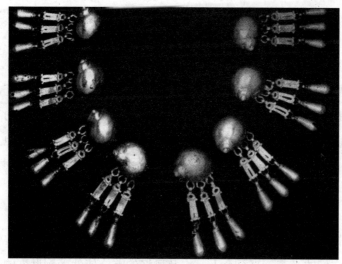

图1-37　米斯特克黄金项链(墨西哥)

(三) 北美印第安人首饰

居住在北美西北海岸地区的印第安人的首饰艺术别具一格，他们的骨雕和木雕作品巧夺天工，主要以传说中的神兽为描述对象，既非单纯的写实造型，又非完全的抽象几何造型，而是处于从模仿自然向形式化过渡的过程，既保留了动物形体的基本特征，又加入了本民族独特的审美表现手法和萨满教的信仰精神：崇拜自然，万物有灵，渴望人与万物沟通并具有自然的力量，如图1-38所示。从这些多姿多彩的首饰作品中，我们似乎可以窥见美洲历史和宗教观的发展，并能感受到美洲文明的辉煌和当年的繁荣。

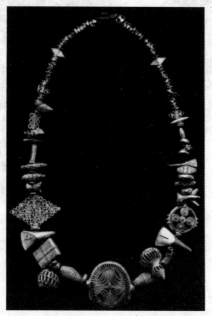

图1-38　由108件饰物组成的项链(北美洲)

四、非洲首饰

历史悠久的非洲，是人类的发祥地之一，也是最早进入文明的地区之一。由于自然环境的影响和历史发展进程的制约，非洲首饰艺术保持了一定的原始特征，体现古朴、稚拙、简洁、洗练和深沉的原始艺术气息，在世界范围内独具一格。非洲的首饰艺术乃至其他的装饰艺术，以地处东北部的埃及较为重要，并自成体系，其他繁盛地主要集中在西非和中非。

(一) 埃及首饰

在"外国首饰艺术的发展历史"部分，我们已经介绍了古代埃及的首饰艺术。岁月的流逝并没有抹去它们的光芒，直至今天，埃及风格的首饰依然受到世人的喜爱，在设计领域仍然具有深远的影响。埃及风格之所以长盛不衰，经久弥坚，是由于埃及的首饰风格是在"不灭"和"再生"的宗教信念以及"为了来世"的美学观念的培育之下而发展的。埃及人"永恒"和"不变"的信念直接影响其设计风格，使埃及首饰始终充满静穆、庄重、浑厚和遒劲的风韵，同时伴随浓郁的神秘主义色彩和宗教气息，如图1-39、图1-40所示。

图1-39 努比亚人形胸针(埃及)　　　　图1-40 "荷鲁斯之眼"配饰(埃及)

(二) 贝宁首饰

非洲西部的贝宁王国大约形成于公元10世纪，到15世纪，贝宁王国已经相当强大。在非洲首饰艺术史上，这里是较为悠久和发达的中心之一。贝宁较为知名的首饰是象牙雕刻面具，一般佩戴在胸前，当地的人们相信制作面具和祖先像能带来幸运，保护部族免遭灾祸，并能预示未来。由于非洲幅员辽阔，部族繁多，在首饰风格上形成了不同的鲜明民族特征和地域风格。但从整体来看，非洲首饰艺术具有共同的特点，即强烈而奔放、鲜明而简洁，同时具有极强的艺术性和程式化的表现。非洲首饰虽然大多古老，但在造型、色彩等形式上，表现出浓郁的现代气息。

　　非洲首饰风格经过长期的历史演变和历代工匠的经验积累，形成了敦厚、简洁、洗练的定型化特征。正因为如此，非洲部落的原始艺术在外界眼中总是充满了奇妙色彩和异国情调。它那稚拙、朴素和强烈的表现力在20世纪初装饰艺术运动时期还引起了欧洲艺术家的注意，并对西方现代首饰的发展产生了相当大的影响。随着社会的发展，非洲的首饰风格也发生了改变，但从中依然可以看到古老非洲首饰风格一脉相承的影子，如图1-41所示。至今，在某些非洲部落里，有一定社会地位的非洲人从头部到颈部仍会佩戴显示地位和象征荣耀的串珠项链，珠光闪烁、华丽异常。图1-42中的串珠首饰是由各色小圆珠穿连起来的，呈现方形、螺旋形、菱形的图案纹样，色彩鲜艳明快，图案简洁大方。

图1-41　现代非洲首饰　　　　图1-42　盛装打扮的非洲人

第二章
首饰设计的基本要求和过程

在首饰设计过程中，设计师对客观物象进行艺术性选择，依据现实和造型的相关性，选取设计所需要的基本素材，不断地从客观物象中获得各种营养，采用推理、演绎、归纳、综合等思维方式，对素材进行分析、整理、提炼、加工，并从中发现首饰设计的基本线索和思考中心点，形成设计主题。

第一节　对首饰设计者的专业要求

首饰设计不仅需要感性的创造，还要进行理性的分析和归纳。再好的创意，如果没有理论的规范和引导，就会成为空中楼阁；而没有文化内涵的设计，只能流于形式，是肤浅的、经不起时间考验的。因此，首饰设计者要经过长期的艺术体验和设计训练，才能进入设计阶段。

一、具有基础的绘画能力和专业设计基础

对于首饰设计者来说，具有一般性绘画能力和专业设计基础是基本要求。一般性绘画能力包括素描、速写、色彩等。具体要求是：把握客观物象形态结构的规律；掌握对物象夸张、变异和抽象的方法；掌握对自然色彩的提炼、概括和归纳的方法；把握色彩本身的结构规律。图2-1为珠宝手绘效果图，可以此为例，了解设计者应具备的绘画能力。

图2-1　珠宝手绘效果图，张睿(2015级学生)

专业设计基础包括平面构成、色彩构成、立体构成三方面。平面构成研究的是多个形式单元在二维有序空间中的组合、排列方式；色彩构成则是进行理性化的色彩分析，研究

色彩对人的心理和视觉的影响；立体构成探讨的是体积的造型和结构规律。

二、具有丰富的想象力

想象力是一种思维的升华和创造自然形象的心理能力，是通向理想化的一座桥梁。想象力越丰富，设计思路就越宽广。没有想象，便不能唤起对事物的情感，也不能产生艺术设计上的美感。在首饰设计过程中，通过想象能使自己的思维超越自然的限定，进入理想化的艺术境地。

丰富的想象力来源于我们对生活的感受。大千世界，形态万千，即便是琐碎的日常事务，只要你愿意去思考，都会引来无穷无尽的联想，把你带入无限宽广的世界。首饰设计者的作品，可以看作现实观察所得和想象与思考的结合。

三、熟悉首饰材料学和工艺学

首饰设计不同于纯艺术创作，不能无限制地发挥想象、挥洒个性；它要受到首饰制作材料和制作工艺条件的限制。因此，首饰设计不可闭门独思，不是画出一张"好看"的图稿就可以了。在设计初始阶段，设计师或许存在多种创意和想法，设计稿或许存在许多工艺不合理的方面，因此，对于设计稿需要进行多次细节探讨，除了考虑首饰的造型特征，还要充分考虑首饰的材料性能和制作工艺特点。首饰设计者需要了解首饰生产设备、工具和材料配方等知识；熟悉浇铸、熔焊、电铸、冲压、镶嵌等加工制作工艺，和抛光、电镀、喷砂、腐蚀等表面处理工艺的知识；熟悉常见的金属材料和宝石材料的物理化学性质及品质级别；积极关注工艺、材料、设备的发明和创新，并将其尽早地运用到设计中来。

四、了解市场需求

首饰设计是一种社会性的文化形态。首饰设计作品，尤其是商业首饰，不仅包含设计者个人的审美取向，同时还要考虑市场的需要，要被社会充分接受。首饰设计者必须了解首饰的价格估算方法，能够在控制成本的情况下，设计出好的首饰作品；还要有市场分析和把握商机的能力，使作品更贴近市场，符合市场需求。从休闲到正式、从粗犷到精细、从普通到高贵，各种生活格调都可以通过首饰设计来彰显。具体来说，就是要考虑首饰设计的对象是什么人，他们佩戴这些首饰的时间、场合、目的分别是什么，等等。

第二节　首饰设计素材

一、设计素材与灵感

创作灵感可以来源于物体、情绪、人物、地点、形态，甚至某个过程、某项技术，它可能来源于任何事物。发现灵感没有任何规则，全凭设计师的兴趣。灵感就是对刺激所做的反应，是能够驱使并激发设计者的任何东西。

我们通常并不能真正意识到是什么使我们产生创作灵感，就像我们把很多事都当作理所当然一样。我们习惯下意识地对我们所看到或感觉到的事物做出反应，而不是真正地观察它，更别提花费时间去分析最初的反应。真正去了解是什么作为个体激发了你的灵感，就意味着你能够与一个事物保持一定距离，能够同时对它进行主客观方面的考察。要学会思考你所面对的是什么，然后问问自己它究竟使你产生了什么样的感觉，以及为什么会产生这样的感觉。

对于设计师来说，有创作灵感仅仅是个开始，下一步是了解灵感的实质，如果不知道这个东西为什么会带给你灵感，那么它就不可能被有意识或有建设性地用于你的设计中。每个物体都蕴含极大的可能性和多种观察它的方法，重要的是能使大众理解你表达灵感的"语言"和方法，以便你熟练使用那些灵感信息。

设计师只有理解创作灵感，才有可能获得清晰的设计效果，才能更为准确地表达设计意图。没有这种理解，设计过程可能是令人乏味的，设计作品可能是平庸的，缺少真正的个性和特点。

(一) 以自然界的客观物象为灵感

大自然和人类生活具有丰富性和完整性，为设计者提供了无穷无尽的灵感，它可能是一种视觉感受，也可能是一种听觉感受，还可能是一种香气、一阵微风、一个慵懒的回忆、一份美好的情感。

大自然是慷慨的，从浩瀚无垠的宇宙到气势磅礴的山川河流，从千姿百态的陆地植物到光怪陆离的海洋生物，从形态各异的微观生命到变化莫测的人类自身，那些充满形式感的空间形态和纹样是那么迷人，使得一代又一代设计者沉醉其中，成为首饰设计取之不尽、用之不竭的灵感源泉。

大自然拥有无数充满形式感的形态，有的体现在色彩上，有的体现在肌理上，有的显露在外表，有的隐蔽在内部。物象的形态、色彩、肌理以及空间的共生状态，往往会给人以视觉影响和心理启示，当这种物象被升华为美好的创意时，这种潜移默化的审美创意就构成了首饰设计的基础条件。

对物象"形"的认知是针对物象在一定的时间阶段、环境条件、视觉角度下体现出的外貌、表象等静态特征的识别和把握。例如，物象的线性轮廓和平面投影等，主要涉及二维范畴、以平面特征为主的整体与局部组合、构图关系以及比例、尺度、曲直、粗细等内容。

物象的"态"主要指物象的空间和立体状态，是物象形态中最具个性和动态特征的部分。从攀爬的藤蔓、绽放的花朵，到爬行的动物、翱翔的鸟类，对物象形态的把握需要进行细致入微的观察、积累和特征归纳。同时，不仅要关注物象的形体随时间、空间改变而发生的变化，还应强调对物象动态平衡、重心和稳定性的掌握。只有这样，当把这些素材应用于首饰设计时，才能用有限的笔墨描画出物象最动人的凝神时刻。

自然物象的色彩也可作为丰富的设计灵感源泉，将科学、抽象的色彩规律与感性、直觉的色彩把握相结合，能为首饰色彩设计开拓新的领域，创造独特的首饰色彩视觉效果，丰富首饰语义与造型语言的表现力。

从蟒蛇的花纹、猎豹的斑点到斑马的条纹，自然肌理与质感也是物象表面极具张力的自然特征部分。自然肌理作为一种设计素材，是全面体现首饰表面质感特性以及体现首饰风格的不可或缺的视觉要素，被人们作为特定的风格及样式所运用，并将它作为时尚前沿的组成因素之一。图2-2中的豹纹系列首饰就成功运用了自然肌理这一元素，极具表现力。

图2-2　豹纹系列首饰(日本)

许多自然物象还被人类赋予丰富的主观意义与象征，例如在古埃及，甲虫代表"再生"；在古罗马，蛇象征"生命、永恒和性"；新艺术时期，孔雀暗含"自恋"的意味。以物象的意向性作为设计素材大大提升了首饰的文化性，丰富了其内涵。

在中国民间艺术中，也广泛运用隐喻、象征等手法来表达人们的美好意愿。例如，蝙蝠象征"幸福"；松柏、蟠桃、仙鹤寓意"长寿"；喜鹊、梅花表示"喜上眉梢"；莲花、鲤鱼意味"连年有余"。还有依据自然事物的生存规律的典型特征来暗喻或歌颂人之品性，例如，竹，中空有节；莲，出淤泥而不染；红豆寄相思；梅花耐寒；菊花傲霜；牡丹富贵。

古今中外存在大量以自然物象为素材和灵感的首饰设计。这种设计方式有着深厚的历史积淀与丰富的实践经验，表现出人类祖先对自然万物生灵的敬畏与崇拜，反映了人类祈望与自然和谐共处的朴素心态，寄托了对美和情感的追求，并且从中孕育出不同民族独特的审美、文化等传统观念。这是最传统的，同时又是最新鲜、最具活力的设计方式，是人类永恒的赞美主题，是设计回归自然、追求人性化的具体可行的方法。

(二) 以其他门类艺术设计为灵感

首饰设计的另一个重要灵感就是其他门类的艺术设计手法，尤其对于具有时代气息的现代首饰设计而言，雕塑、建筑设计、产品设计等三维艺术的设计手法十分值得借鉴。现代雕塑的形态手法启示首饰设计者采用多种建构方式，例如，康斯坦丁·布朗库西高度概括的、饱满的几何体积造型；奥西普·扎德金的透叠错构、穿插互动的立体主义造型；冈查列兹空灵、简洁的线性焊接雕型；亨利·摩尔对"洞""孔"等负空间形式的再发现等。不少现代首饰俨然已成为一座微型现代雕塑，很多时候是在探讨一种三维空间关系，它们不仅具有完美的外轮廓，透过外形还可以看到优美的内部形体和空间，无论从什么角度看，同样具有吸引力。借鉴雕塑手法设计的首饰作品具有很强的体量感和空间感。

现代建筑的构成语言显然也对首饰的构思提供了直接的帮助。20世纪的现代设计思潮在建筑艺术中有着典型的反映，从构成主义、包豪斯艺术、国际主义，到后现代主义新古典风格、新原始风格、解构主义，从密斯·凡·德·罗的精密冷峻到阿尔托的地域温情，从弗兰克·盖里的曲线到当代艺术家Edoardo Tresoldi的铁丝网编织建筑，几乎有着取之不尽的资料来源，首饰设计者要做的是将巨大的建筑体量提炼为首饰的精微样式。图2-3为Roy设计的"拜占庭"手链，采用18K金、钻石、蓝宝石制成。被赋予功能价值的工业产品的造型样式也可以引导首饰创意。机器齿轮、钟表零件、电脑键盘等，无一不是效果甚佳的首饰设计灵感之源。当首饰设计者消除了它们的其他用途，而依靠其纯粹的视觉形式，将之转换为以装饰意义为主的耳环、胸针、项链、手链时，将获得极有意味的视觉愉悦与新鲜奇异的形式感。图2-4的学生首饰作品以工业产品作为灵感来源，采用925银、白钢制成，铆钉的运用强化了首饰的体量感，并传达出现代科技社会的气息。

图2-3 "拜占庭"手链

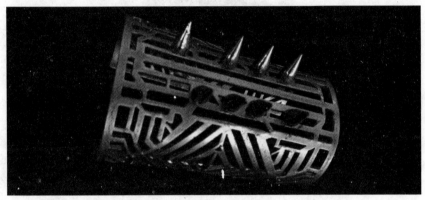

图2-4 "朋克"手镯(2017级毕业设计，何宝龙)

(三) 以图标和符号为灵感

符号是艺术设计中被普遍采用的构思元素之一，它的有效性被各门类艺术设计者所认同，当然也为首饰设计提供了构思来源。

族徽、纹章、标志、奖章、瓦当、文字、钱币等都具有符号性，为首饰设计提供了直接的构思启示。许多象征性的符号和图标是世界公认的，例如，心形已经使用几个世纪，是所有人都理解的图标；而另外一些图标，如阴阳符号一直都存在，但近几年才得到广泛的认可。

长久以来，首饰就和宗教信仰联系在一起。许多宗教都有代表自己信条的图标，如基督教的十字架、犹太教的大卫之星、伊斯兰教的新月，是经常可以在首饰中见到的图标。图标和符号，尤其是宗教性的图标，能够唤起共鸣或激发情感，使人们自发产生反应，也使小小的首饰派生出宽泛的意义。

但有时候，某些图标并不具有宗教意味。例如，现代首饰中出现的很多十字架并不代表基督教，佩戴十字架的人也不是基督教徒，这种情形下的十字架拥有了更广泛的意义，可能仅仅被作为一种装饰性元素，如图2-5所示。

需要注意的是，有些图标和符号在跨越文化使用时应格外谨慎。例如，有些图标比较相似，可能只是方向不同。对于想表达特别观点或有双关意义的设计来说，这个不愉快的巧合可能对设计有帮助，但也可能让人产生误解。

图2-5 "马耳他"十字手镯(意大利)

二、设计素材的收集

首饰设计者有必要找到一种适合自己思维方式和工作习惯的视觉记录形式，记录下那些刺激和鼓舞自己视觉感官、情绪和才智的信息。这些信息虽然不会立刻与设计理念联系起来，但是可以折射出对事物、经历的个人反应，因而可以延续和拓展设计理念，成为设计工作的核心力量。

记录信息时，要注意物象从细节到整体、从外到内的多角度、多层次的形态特征的表现，并且应尽可能详尽、完整、客观、真实和准确，为后期设计提供充足、有价值的资料和素材。设计素材的收集可以利用影像设备和技术，也可以利用速写、绘画，还可以进行剪贴和实物收藏。这些方法各有所长，可以综合应用。此外，拍照方便、快捷，可以客观地记录客观物象。对于动态物象，还可以大量、连续地进行记录。

设计速写是收集、整理个人设计资料的好方法，如图2-6所示。设计者在生活中接触到的各种事物和各个与设计有关的形象，都可能引发设计创意的火花。有时一个设计意念的产生会像闪电一样瞬间即逝，如果不利用速写的形式马上记录下来就会立刻消失，甚至是永远地失去。设计速写中包含巨大的艺术潜能，真正好的设计作品往往是从中引申出来的，经常作设计速写对激发灵感、开发思路、积累素材大有好处。

其他的收集方式如照片剪贴，还需要有一个查找和再理解的过程。剪贴的内容可以是曾经刺激设计者感官的报纸、杂志等载体上的文献、图片，可以将有关的内容按照逻辑顺序放置在一起，也可以按照时间顺序安排。还有些素材可以实物的形式保留下来，例如植物的叶片、蝴蝶的翅膀、漂亮的纽扣等。相比较之下，实物收藏的形式比较占空间，但它可以客观、完整地保存形象。这些素材被精心地收藏到一个个容纳盒里，每每被取出并从多个角度仔细端详，往往能带给设计者新的灵感。

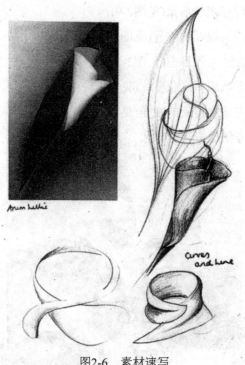

图2-6 素材速写

三、设计素材的提炼

大自然是人类最好的导师，充满各种形象和形态，是一个拥有无数素材的图库。设计者即使耗尽一生的时间，也不能将其完全临摹下来。因此，首饰设计者要学会将自然形态提炼、概括后，再运用到设计中。

客观物象的描绘、记录、抽象、概括主要表现为二维的影像，在二维平面中表现生物形态的曲直、明暗、虚实和空间特征，重复、渐变、对称的结构，和均衡、韵律的形式美感。例如，植物叶片的轮廓形状，可以根据抽象几何概念的描述归纳为曲线形、直线形或椭圆形、三角形、平行四边形等；有些物象的形态为对称形态，有明显的对称轴或对称点；还有一些物象的形态表现出一定的数理、比例关系，如黄金分割、等差数列等。

设计者通常可以利用借用、引用、移植或替代等方法进行具象、仿真的模拟，也可以对物象特征进行概括、提炼，然后用抽象的几何形态和不同的构成要素直接再现客观物象的个性特征。一般这类首饰作品形态活泼、可爱，语意清晰、直白，具有较为突出的装饰感和艺术性，如图2-7所示。

对于素材的提炼，可以采用以下几种方法。

(1) 从不同的维度概括提炼同一个事物；

(2) 从同一类事物中寻求公共的形式感(见图2-8)；

(3) 以变形的手段塑造夸张的形象(见图2-9)；

(4) 运用肌理的变化产生视觉的差异(见图2-10)；

(5) 以轮廓、剪影的方法提炼形态(见图2-11)；

(6) 以放大、缩小的方法求得形象变化(见图2-12)；

(7) 以切割、打碎的方法求得新的视角(见图2-13)；

(8) 以嫁接、拼凑的方法改变视觉印象。

图2-7　"童鞋"系列吊坠(意大利)

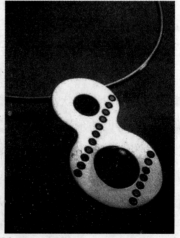

图2-8　"狮子8"项坠(意大利)

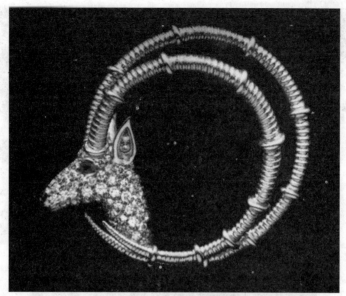

图2-9　山羊形胸针(美国，蒂凡尼)

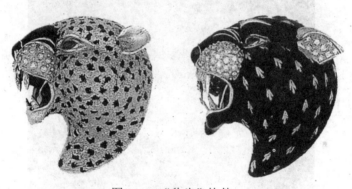

图2-10　"豹头"饰件

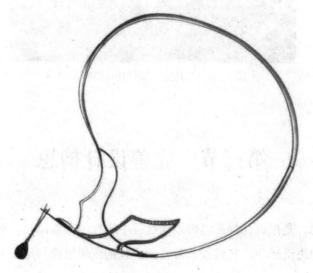

图2-11　"天鹅"项饰

图2-12　"禁止交流"饰件(曹毕飞)

图2-13　"浪花"饰件(Lisa Wilson)

第三节　完善设计构思

　　首饰设计构思，是指设计师在首饰设计过程中进行的思维活动。从本质上讲，设计构思是一种创造性的思维活动，其过程非常复杂，包括逻辑思维和形象思维两种思维方式的交替运用。

一、设计构思过程

构成首饰设计思维的基本内容包括首饰设计的主题、素材、材料、色彩、肌理、形态、空间、功能、市场等因素。随着设计构思的进程发展，设计思维从无序化到秩序化，意念从混乱到清晰，大致可分为萌芽、酝酿和成熟三个阶段。

(一) 设计构思的萌芽阶段

萌芽阶段是设计构思的混乱期。

这一阶段的思维导向是没有规律的，千头万绪，没有一个中心目标。设计者的任务就是从凌乱的思绪中理出一条思维主线，使设计思维按照特定的构思方向发展。

(二) 设计构思的酝酿阶段

酝酿阶段是设计者将意识中的创作意念具体化、完善化的过程。

通常，设计构思总是围绕着某个原始的意念或思维中的形象，做出多种选择和多方面的尝试，可能深化原始的意向，或者修正前阶段的设计方案。材料、形态、色彩等设计要素在这个阶段都会大量地涌现，各种矛盾的意念会在筛选中逐步清晰、明确。

(三) 设计构思的成熟阶段

通过一场矛盾的思辨，设计构思趋于明确化、完善化。但此时创意思维的全部过程还尚未完成，只有设计者对各个设计环节做出全面的思考之后，把设计思想融入具体的形式之中，才算完成设计构思的全部过程。

首饰设计构思是一个完整的思维系统，思维中的各种要素必须有机结合。在设计构思过程中，如果考虑不周、顾此失彼，就无法达到完美表现效果的目的。纵观设计构思的全过程，从主题的选择到素材的提炼，从形式风格的确立到造型元素的表达，从工艺制作的条件到技术手段的运用等相关因素，必须统筹考虑、整体设计。

二、设计构思方法

设计构思的有效方法是头脑风暴法。采用这种方法时，应考虑每一种选择，进而推敲出一个理念，以使每一个可能性都能考虑到，从而使设计过程完全发挥潜能。它要寻求的也许是更为朦胧，更让人兴奋，更富于挑战性、煽动性或者更有趣的相关联系。

(一) 拓展思维

为了保证设计不仅仅基于过分单纯化的理念，必须首先考虑与理念有明显关联的因素，然后进一步超越原创的理念找到更有趣味的、富有经验的和微妙的解决方案。

对一个物体最初的印象通常是单纯本能的反应，但在这之后，需要审视你的灵感和设想，然后进一步探求，让灵感不受任何限制地迸发出来，并且在它们刚刚出现的时候就把它们记录在纸上，以便把简单的理念引入新的方向，并去探索那些也许最初并没有出现在脑海中，但现在感兴趣的领域。如果可能，可以和其他人谈一谈你的想法，因为他们经常会有一些不同的看法，这可以为你提供有价值的见解。

(二) 整理阶段

在整理阶段，首先写下打算探讨的理念，这是运用头脑风暴法最重要的部分。假如能自由自在地表达自己的思路和想法，则一个理念可以很轻易地成为下一个理念的催化剂。每一次都把设计构思扩展一个层次，再把最初的反应当作原创理念的一部分记录下来。然后这些部分就会刺激产生更多的理念，再产生更多的分支。记录这个过程的方式很重要，将有助于设计师更加容易地获得信息。

如图2-14所示，可以利用蜘蛛网的形式来做记录，把最初的主题或想法"Religion"写在中心，其他有关联的理念由内向外扩展，由这个网连接在一起，每一条分支都可以延伸出一个设计理念。同样，"家谱图"也可用来表达有焦点的理念，由"根"部向外延伸出脑海中各式各样的想法。

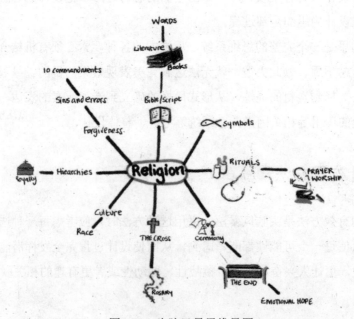

图2-14 头脑风暴思维导图

1. 从确立主题着手的设计构思

确立主题是首饰设计构思的重要环节。主题的确立是展开思维的前提，各种思维活动都围绕着这个主题进行，图2-15中的作品就是以右侧物体所做的设计构思。需注意，简洁的设计构思通常比复杂的构思更为成功，因为它相对来讲不会给观众增加想象及领悟的负担。

设计构思很容易就会做过火，导致所有人都看不懂，而只有设计师一个人明白。设计构思没能被很好地贯彻执行，其原因可能是设计师过多地利用了薄弱的联系，而没有把精力集中在核心理念上。同样，假如设计构思不够大众化，无法吸引观众，那么作品就无法产生设计师预想的吸引力。

图2-15　以右侧物体为主题的设计构思

2. 从限定的材料或制作工艺着手的设计构思

从材料和工艺中获得构思，对于首饰设计者来说几乎是一种本能反应。考虑首饰材质自身的独特美感和加工过程中偶然出现的因素也应归属于首饰设计范畴。这种偶发的灵感不仅是对设计的丰富和补充，也是设计者的智慧、艺术灵性和审美情趣无拘的流露。现代材料和制作工艺的丰富性使这一因素所起的作用更加显著。

图2-16中项饰的设计灵感实际上是从紫色翡翠原料得到的，或许它并没有特别的主题，只是为了突出翡翠的浓艳紫色。图2-17的花形戒指的花瓣实际上是含有许多黑色内含物的钻石切片。如果仅从品质上讲，这种内含物很多的钻石不属于优质钻石，但经过设计者的精心构思，巧夺天工地将钻石独特的内含物特征以花瓣的形态展示出来，创造出一种独特的视觉效果。

图2-16　紫色翡翠项链　　　　　　图2-17　花形戒指(陈世英)

3. 有感而发的设计构思

　　首饰设计的构思活动有时还会受到偶发性、直觉迸发及想象等非理性因素的影响。这类因素的作用在构思活动中是神奇而生动的，这种灵感突现式的、带有偶发色彩的获得，既是基于前述方法的延伸，又是个人经验、修养、情感及不可预知线索的融合爆发。

　　图2-18是意大利设计师阿尔伯特·寇特农以"戟"为灵感设计的项饰，镶满星星点点小钻石的戟形部件将珍珠两两隔开，戟的锋利刚硬与珍珠的饱满圆润形成对比，给首饰增添了现代感。

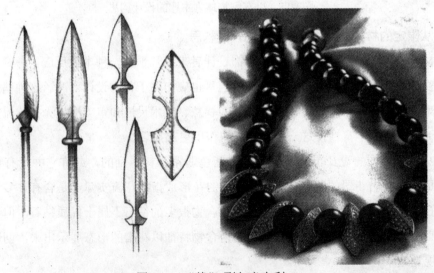

图2-18　"戟"项链(意大利)

三、样品和成品制作

样品和测试品是样本或整体作品的一部分，用来展示作品的特征、品质以及测试标准。

(一) 模型制作

模型的作用与目的是把要制作的物体以及创作理念在三维空间中展示出来，以便改进和完善设计。在允许的情况下，模型通常会缩减尺寸，以减少用料。

1. 材料

几乎任何材料都可以考虑用于制作模型，如图2-19所示。例如，金属丝电枢可以用于制作三维形态的形体模型；简单的纸张和切割的卡片可以用来研究形状；复印机可以用来缩小和扩大图片，当然也可以用于复印；廉价金属或者非金属材料都可以用来代替贵重材料，是制作金属模型的较优选择。

在制作模型的时候，应尽量去判断是否有必要使用那些可能需投入很大劳动量的材料或方法，要选择便于解释和探讨制作模型原理的那些方法和材料，以防这方面的设计变得琐碎不堪，因为这是设计过程中非常重要的一个环节。

图2-19　模型制作

2. 检验理论

模型制作经常不被当作设计进程的阶段之一，然而它恰恰是设计阶段中重要的一个部分。在许多情况下，绘图并不能完全表达三维效果，而模型却可以对其形态细节尽情表述，从而提供充足的信息。

在设计时大家总会尽量避免令人尴尬的细节。模型制作的价值在于它能够确定设计师的设计理念是否切实可行。假如模型确实出现了问题，那么就按照设计说明中提出的标准，仔细检查一遍，并且修正它。

3. 技术解决方法

当我们需要检验技术理论的时候，模型制作尤其重要。它能帮助设计师去设想并实践至关重要的设计细节，并找到解决问题的技术。在完成制作最终的作品之前，制作一个技术型模型能帮助设计师预先发现那些可能会出现在成品中的难点，以避免更多错误的产生，同时也能检验设计师的技术与技巧。

技术型模型不要过于累赘，要尽力明确必要的试验，以避免在细节里面花费过多时间。拿到草图后，制作模型的第一步是明确制作目标——想要研究的东西是什么，也许是一个闭合形态的功能，一件作品的重量，或者是适合身体佩戴的方式及形态图。设计师有必要把精力集中在这些问题上，这样才可以明确怎样制作这个模型。图2-20是海洋生物形态研究的技术型模型。

图2-20　海洋生物形态研究的技术型模型

(二) 成品制作

成品制作是通过运用合适的技术和材料来实现首饰设计制作的过程。

从设计到制作成品，显而易见，制作首饰是设计过程中极有意义的阶段。如果没有最终的成品制作，设计就无异于一则得不到验证的理论。有时候，成品制作并不是首饰制作的最后阶段，设计本身就是设计的最后一道工序。然而，大多数设计师还是希望看到他们的设计变为成品。有争论说，为了能够真正设计出优秀的作品，业内对设计师的基本要求是，他们至少应该掌握和理解制作成品时所需要的技巧。通过制作，能够学会使用材料和预测加工过程中的各种可能性，这不仅能使设计作品更有效地表达设计师的意图，而且也能帮助设计师在制作期间避免可能出现的问题。

(三) 掌握全程

制作首饰的方法有很多。独特的、仅此一件的作品既可以由设计师制作，也可以委托首饰商来完成。如果是后一种情况，那么就要求有详细的图稿和明确的规格要求。如果希望成品令设计师满意，制作者和设计师之间良好的沟通是极为重要的。但是如果要制作大量的作品，那么设计所占的比例可能会较小，对于产品独一性的要求也相应地降低。

对于低水平的产品，有不少方法可以实现大量复制，诸如浇铸、电镀成形、光蚀刻法和激光切割，但这些专业的加工程序对设计师的专业知识和经验要求较高，因而设计师需要花费时间来研究怎样使传统手工艺成为专业技术的补充。批量生产这种工作方法更适合市场占有量较大的首饰(见图2-21)，可以减少相对的设计和生产费用，满足市场和大众对首饰的需求，但很有可能使产品的设计质量大打折扣。

图2-21　胸针(梵克·雅宝)

四、首饰设计说明

设计说明是设计一件首饰作品的重要一步，也是对设计意图的陈述，有助于说明作品的预期前景。设计说明包括设计过程中要考虑的方方面面，从概念、前后关系、费用、材料、比例、加工过程、时间规划和最终用户，到作品尺寸、大小，以及在何时、何地和用何种方法来呈现它。

好的设计通常来自一个认知过程。在着手设计之前，设计师应该花点时间来考虑和明确设计说明。这将使设计开展得更有方向性，使设计过程更富有成果。并不是每个方案都需要有正式的设计说明，但花时间写一份还是有必要的。说明书不可忽略是因为设计师可以通过它给自己的设计勾画轮廓，以便最大限度地预想其结果。写设计说明最重要的是使特定的设计目标明确、清楚，避免造成混淆。即使已经有人给了你一份说明，还是应该写份自己的设计说明，因为这样会有助于明确自己的设计意图。设计说明是表达设计目标的一种方法，同时具有指导作用。

根据编写方式和使用场合的不同，设计说明的内容也不同。例如，参加竞赛用的设计说明会用来表达某种挑战；而放在教学内容中的设计说明，自然是要介绍或强调设计经验的某个或某些方面。

设计说明的格式和内容有很大差别，并没有固定格式。一个表达模糊的设计说明，很难让人理解设计师的设计意图；而太过详尽的设计说明又会让人觉得太受限制，没有想象的空间。无论采用何种风格的设计说明，设计师都要花时间了解相关信息，并把它们融入设计说明中。

第三章
首饰设计的风格

现代社会文化的多元化和频繁更迭，使首饰设计常常将多种风格和手法糅合在一起，材质运用极为丰富，创作理念推陈出新，或装点自身，或展示个性，或关怀自然；形态设计别具一格，大致归纳为以下4种，即古典风格、自然风格、现代风格、前卫风格。

第一节　古典风格的首饰

古典风格的首饰展示的是一种复古的潮流，几乎每隔几年就会卷土重来，虽然与简单至上的现代意识流相悖，但仍盛行不衰。

古典风格的首饰工艺高超细腻，多采用昂贵的金、银为材料，色彩绚烂华丽，结构繁复精巧。中式旗袍的典雅衣领、神秘莫测的甲骨文字、雕梁画栋的明清建筑、古罗马式的装饰浮雕等，都能成为古典风格的灵感来源。图3-1是来自希腊的"女巫之心"，是典型的古典风格的首饰。

图3-1　"女巫之心"(希腊)

古典风格的首饰一直处于变化中，影响其风格的因素主要有：不同时代产生的深厚底蕴；特定的社会背景；时代独特的人文气息。今天的古典风格的首饰，在造型上从远至古埃及、古希腊，近到几十年前的设计中吸取某些设计片断和元素，再进行改造，并与现代技术和材料相结合，使之既保留昔日的风采，又具有新的时代特征。图3-2是以埃及金字塔为灵感的古典风格的主题概念首饰，主要材料是黄铜和白铜，采用水转印技术制成。

图3-2　胸针"内观"(郭宜瑄)

第二节　自然风格的首饰

大自然一直都是设计师灵感的源泉，它容纳了那么多独一无二的、让人爱不释手的灵感形式，从形状、造型、质地、颜色、材料，到功能、情绪和加工方法，这个有机的世界可以满足我们的感官需求。能刺激视觉的造型和纹理，可触摸的物体表面，无与伦比的声音，迷人的味道和甜美的香气，都能带来设计灵感。

自然界也是首饰制作原料的丰富源泉。钻石，是人类已知的最坚硬的自然材料，长期以来一直是我们熟悉的制作首饰的材料。许多年来，从羽毛、贝壳到牙齿、头发，各种材料都曾被用到首饰制作中。如图3-3所示，在这个项饰"微世界"中，就采用了黄铜、腐木、人造草作为原材料。

"有机"这个词指和自然有关的，或由自然衍生的事物。在首饰设计和制作中，这个词可以指灵感、材料、加工方法、设计方法以及审美态度。"有机"还可以描述一种模仿自然的设计发展风格，图3-4中的铂金项饰就体现了这一设计理念。

图3-3　"微世界"(2017级毕业设计，王平)

图3-4　水形态的项饰

在自然界里，我们通常找不到完全的直线、圆形和绝对对称的形状，这些通常是和人工制造联系在一起的。假如一个设计作品中含有曲线元素，或是对自然的抽象，比如具有类似树皮的纹理，那也可以认为这是一件"有机"的设计作品。因为设计师在设计过程中使用的许多材料都来自大自然，即使在它们刚被完成的时候这个特性并不明显，也可称为"有机"。

生机勃勃的大自然，对终日被困于钢筋水泥丛林中的现代都市人永远有着无限的感召力。在人类逐渐丧失土地、森林、河流、矿产资源的时代，环保问题已成为人们生活中的一个焦点。图3-5中的甲虫胸针就体现了这一主题，采用925银、蓝钻石制作而成。

图3-5　甲虫胸针

　　这些以自然物象为素材的首饰设计作品，不但能精确地反映自然界原物的神奇，而且能营造出一种更为凝练的效果。人们可以从花朵形的戒指、蜘蛛状的胸针、水滴形的耳环、藤蔓样的项链中嗅到清新质朴的大自然气息。图3-6中胸针以自然界中的蜘蛛为素材，采用乌金、铜、拉长石制成。

图3-6　蜘蛛胸针

　　当然，自然风格的首饰不仅是指具有自然物象造型的首饰，还包括线条简明、造型单纯、色彩纯朴的首饰。这类首饰具有柔和的曲线或规整的直线，呈现出清新、自然的格调，传递出安静、平和、纯真的感觉。

第三节　现代风格的首饰

　　现代风格的首饰，是指在现代设计意识指导下诞生的首饰设计的新生态。它的造型特点是人为化、机械化、几何化的抽象图形和空间结构(见图3-7)。在艺术造型上，点、线、面、体成为造型的基本元素，一系列理念形态简化了首饰造型的自然属性，将自然中的多种形象浓缩到几种规则化的几何符号中。

这种纯粹的几何形态构成的形式手法风格十分强烈且鲜明，一方面，适应现代机械化生产的特点，方便大批量生产；另一方面，呼应着现代人简洁、简练的审美诉求。

图3-7　几何形态戒指

一、几何形的首饰

几何形状能使人感到有序、完美，能与其他更具流线感的形状形成对比。一个使用几何造型的设计主题，可以给人以整洁感，有助于表现装饰效果，又不会显得修饰过度。

对自由风格造型中的不统一，从一开始我们就准备默认了；有机体造型中的错误，通常会被视为这件作品的特点；而几何造型中出现的任何微小差异几乎都会被当作失误。尽管从设计之初几何造型就一直伴随我们，但现代制作方式比手工技术更适合制作精确的雕刻般的几何造型。如今，几何造型的精确度非常高，以至于变得很冰冷，暗示了现代与古代的对抗。

技术上的进步使高精度的、能准确加工作品的机器和设备得以出现。当代北欧的设计师喜欢精确度非常高的作品，如图3-8中采用铂金制成的耳饰；而美国人制作的几何造型首饰则多了点"温暖"，少了些冰冷的精确，如图3-9中采用黄金制作的戒指。一些设计师所面临的挑战是用手工制作的首饰要和机器制造一样完美，这就导致了一种奇怪的错觉，好像手工艺的价值和设计都在受到质疑，并成为一个值得争论的问题。

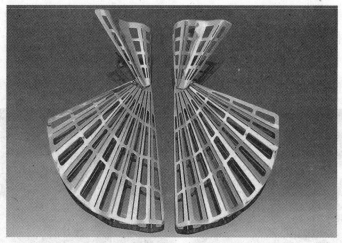

图3-8　"倒影"耳饰(丹麦)

图3-9　"繁花"戒指(美国)

二、抽象性的首饰

"抽象"意味着"抽离、分开、重移和概括"，这样留下来的就是原来的精华部分。

"抽象"这个词有时候让人感到恐惧，因为它使人想到把所有和灵感相联系的东西都去掉的刻板的抽象派艺术。但在许多抽象艺术中，还是可以清楚地识别出形状和灵感的来源，只是简化了不必要的细节。

抽象是一种避免真实的有效方法，因为太真实会使设计变得刻板、呆滞。例如，假设一件作品的灵感来源是一条鱼，直白的设计可能就是把鱼的形状复制下来。然而，如果再多想想，可能设计出更精妙、更有个性的作品，如图3-10所示，这是一枚胸针，就采用了抽象设计方法，由纯银制成。提到鱼你可能会想象一条美丽的鲑鱼，它有着漂亮的棕色、带灰色斑点的鱼鳞以及嫩粉色的鱼肉，你可以把取景"窗口"放在这条鱼的任何一部分上。

图3-10　"Big Fish"胸针(Kellie)

　　抽象本质上就是对一个主题的理解和简化，使其固有的品质能够居于设计正中的位置，而不受到任何不必要的分散和竞争。

　　图3-11中的戒指的形状和质地都来源于对有机体的抽象。戒指半透明的底座来自对水母的回忆，延伸部分的末端是吸引人的珊瑚。这种形状的灵感来源在成品中依然很明显，但经过简化和提炼，设计者使其更为精致，这是在原来的素材上很难发现的。

图3-11　仿生戒指

　　几乎所有的形状都能经分析，进而还原其基本形状。这是一个有意义的过程，因为它可以使一个让人们想当然的主题呈现崭新的面貌。图3-12为Taisuke 设计的胸针，采用黄金制成。

图3-12　"Being"胸针(Taisuke)

三、富于寓意的首饰

意象是中国传统的美学概念。《周易·系辞上》提出："……书不尽言，言不尽意……圣人立象以尽意。"王夫之曾说过"无论诗歌与长行文字，俱以意为主""烟云泉石，花鸟苔林，金铺锦帐，寓意则灵"。

在每一种文化体系中，都有相对统一和稳定的意象的存在。在这种意象中，有些是传统的文化、价值、审美观念、生活方式、风俗习惯的体现，是文化传承的重要组成部分，也有一些是现代文化的象征与代表，是现代时尚和流行观念的体现。

卡地亚的首饰设计师珍·杜桑(Jean Toussaint)和彼得·雷蒙查(Peter Lemarchand)曾设计了大量的笼中鸟首饰(见图3-13)，以传达法兰西民族在第二次世界大战期间所蒙受的耻辱。采用钻石和铂金制作的相思鸟被设计成法国国旗的颜色，或互相偎依，或形单影只，或在笼中，或在笼外。巴黎解放时，飞出鸟笼的鸟儿象征着被占领的法国重获自由。可见，由于作品本身蕴含了深刻的意象，即便是寻常的造型，也能带给人更深层次的回味。

图3-13　"笼中鸟"吊坠(卡地亚)

在新艺术时期，蝴蝶经常被用于表现为长着翅膀的女性形象，如图3-14中的胸针，由Cindy Chao设计，采用铂金、钻石、黄晶、蓝宝石制成。这些形象的出现不仅仅是从美的视觉感受方面考虑的，还与当时的社会背景这一深层次原因有关。19世纪末，欧洲妇女开始要求提高自己的社会地位，取得与男性平等的权利，这在当时引起了很多争论，逐渐体现到文学作品和艺术创作中来。在首饰设计中广泛使用女性主题是为了表达对男女平等的希求。众所周知，蝴蝶由毛毛虫蜕变而成，这一形象也暗示着当时社会的女性越来越多地参与政治经济生活，在某种程度上代表女权运动的兴盛。

图3-14　"黑标系列"胸针(Cindy Chao)

在首饰设计中，形态、颜色、空间、比例、节奏等各种视觉元素本身并没有生命力，只有在人类情感的引导下，才能构成具有艺术感染力的作品。这种具有文化属性与特征的首饰，可以产生较好的认同感和归属感，从而更好地与人们进行情感上的交流和沟通。

当然，寓意设计并不只局限于对人性严肃的陈述和表达。爱和幸福、荒谬和深邃……一切都可以成为寓意设计的灵感。人体也经常被设计师用来表现愉悦的心情和幽默的想法，比如我们在漫画里看到的夸张比例。图3-15中的作品灵感源自人的眼睛，其采用925银、玻璃制成，极具表现力。

图3-15　"眸"(2015级毕业设计，陈晨)

四、叙事性的首饰

叙事性的作品通常是令人着迷的，因为它为观赏者或佩戴者提供了这样一个机会：通过一件首饰作品了解与之相关的一个事件或一种行为。由于在首饰设计中可以结合绘画、雕塑、影像、形体等元素，作为一个媒介，它显然可以作为一种叙事的手段。

首饰有和剧场相似的功能，为人们提供了一个有限的空间，在这里可以把背景安排成一出戏剧或一部惊险片。和剧场不同的是，这里没有鲜活的演员，所以叙事性的首饰是情节的舞台，可能要由观赏者决定剧情如何、结局如何，或者暗示某个特定的结局，"舞台"仅呈现戏剧性的场面，而其中的意义则需要我们自己诠释。图3-16中的系列作品的外形设计灵感来自设计者在旅行中见到的建筑，原料采用银、珐琅，通过纹理和图案设计散发出某种神秘、幽暗的宗教气息。

图3-16　"Clay"系列胸针(Johanna)

首饰的尺寸通常都很小，这就要求叙事时采用小型形式。这会加强故事性，加强神秘感，好像我们在潜意识中回到了孩童时代，那个时候我们的世界平行于我们周围的成人世界，只是我们的世界要小得多。

讲故事是一个互动的过程，被用来讲述一个事件或描述一个场景的叙事性首饰，可运用增强互动、吸引观赏者或佩戴者"阅读"这件作品的设计手段。图3-17中的胸针采用银、黏土制成，胸针上波纹状的屋顶暗示温暖气候，但那些人到底在等谁呢？鲜明的故事性使这件作品别具一格。

图3-17　"Untitled"系列胸针(Jillian)

观赏者或佩戴者通过把他们自己的想象和理解加在作品上，从而和叙事性首饰形成互动。为了实现这样的效果，设计师首先要把基本的想法表述清楚，要用关键的信息描述场景——就像设置舞台背景那样，同时利用附加的、起支持作用的材料来增强叙事性。作品的标题类似舞台设置的重要部分，或者在实际的首饰作品上使用文字，以进一步促使人们思考这件作品想传达什么。

第四节　前卫风格的首饰

21世纪是个性张扬的时代，人的自我表现意识得到了空前的张扬，在艺术表达方面，人们更为关注自我的精神和情感的宣泄，首饰设计也呈现出表现主义的审美取向。在此背景下，出现了表达设计者或佩戴者某种观念或意象的前卫风格首饰，也叫艺术首饰或概念首饰。

前卫风格的首饰的特点是追求个性，讲究意蕴，非理性、隐喻、象征、雕塑感成为主要元素，图3-18中采用铂金制作而成的戒指就表现出这一特征。前卫风格的首饰对思维、形象和蕴意等精神层面的追求，远远胜过对形式的创新。高科技的渗透不断地扩展前卫风格的首饰的创作题材及表现形式，使首饰更富于时代感，非传统用料与传统用料的离奇组合、贵贱搭配、黑白对照则形成了强烈的反差。

图3-18　"Time"戒指(Sofia)

一、具有象征意义

首饰可能象征很多东西，它可以象征一种联合体，象征一个承诺或保证，或者用于纪念某个事件，或者通过设计方法和材料来表达设计理念和意图。

(一) 表示纪念的符号

在首饰中，特定的形状具有特定的象征意义，由其触发的感情是对形状本身传统意义的反应，而不是因为实际的设计。例如，一个简单的结婚戒指，是具有普遍意义的饰品，它代表两个人的结合，不论他们有什么信仰或文化。

设计师应考虑一件作品本来的象征意义，因为首饰和有些事情有着紧密的联系。在美国，高校或大学毕业的标志是一枚毕业(或班级)戒指——更像徽章戒指——是完成学业的机构所特有的，而这些具有特殊意义的要素对制作和接受这件饰品的个人和团体来说，都有特殊的象征意义。

有一些首饰中会用到人的头发或牙齿，有人看到会感到很不舒服。不过，这些东西有着巨大的力量，如果合理使用，也能有效地表达设计理念。如图3-19所示，这是一枚由黄金、玉髓、水晶、发丝制成的戒指。在这枚让人心碎的戒指里，头发被放置在凹雕光玉髓和水晶之间，作为个人对所爱之人的纪念。戒指中央的部分可以旋转，这样佩戴者既可以实现展示戒指的目的，又可以把这个意义隐藏起来作为个人隐私。

图3-19 "Remember"戒指(Charley)

(二) 迷信和宗教

某些材料和形状之所以有象征意义，是因为人们的迷信或宗教信仰。对信仰者来说，迷信和宗教都会让人变得情绪化，这些东西经常会被说成具有真正的力量，因为它们受人崇拜，所以刚入门的人会对它们怀有崇高的敬意，并且会对他们崇拜的物体加倍珍惜。

能辟邪的护身符常被当作首饰佩戴，人们相信如果经常佩戴这些首饰，特别是贴身配戴会非常有效。同样，能辟邪的东西通常是用有象征意义的材料制成——它们被认为具有神奇的力量，能保护佩戴者并为之带来好运，它们经常以首饰的形式出现。

因为有许多形状和材料被认为具有神秘的力量，所以设计师在设计中考虑人们是怎么看待它们的，如何运用它们来表达设计理念是十分有益的。例如，人们认为四叶苜蓿能带来好运，而倒过来的马蹄意味着不幸。那么，设计师在选择原材料时，应有所取舍。

(三) 标志和伤痕

每一天，对特别的个体来说都有物品或事物变得更有象征意义。珠宝可以被设计出来作为象征性的关联品，以代表这些事件、情绪或理念。这样的标志可以成为永久的象征，这种象征还可以和其他东西联系在一起。例如，一对夫妇可以不要订婚戒指，而是制作一件有他们签名的饰品。

身体上的疤痕也可以作为设计的灵感源泉，在图3-20这件采用925银制成的饰品中，伤疤是所有伤害的象征，包括我们承受的所有肉体上和感情上的伤害，它们成为一段经历的象征，成为我们生命中一个有意义的事件。

图3-20　"痕"(2016级毕业设计，宋美慧)

二、图标类的首饰

图标是速写式的图画或象形性的文字，可以像徽章一样，概括一种想法，描述一段地形，体现一个主题或讲述一段偶遇。

一个图标或象征性的符号可以把设计与一个特殊的事件或主题联系起来。图标经常和其所处时期的相关事件有联系，比如核裁军；它们也可能具有特定的文化意义，比如自由女神雕像。

许多图标和象征性的符号是世界公认的，还有一些可能只属于更小的群体。例如，心形已经使用了几个世纪，是所有人都理解的图案，图3-21中采用黄金和PVC制成的耳钉就使用了心形元素。另外一些图标，如阴阳符号，一直都存在，但最近才得到广泛的认可。

长久以来首饰就和信念联系在一起。许多种宗教都有代表自己信条的图标。基督教的十字架、犹太教的大卫之星和伊斯兰教的新月，这里不再一一列举，是经常可以在首饰中见到的持久性的图标。

图标和象征，尤其是宗教性的图标，能够激起伟大的情感，使人们产生反应，所以花点时间研究并理解在设计中使用的图标很重要，有些图标在跨越文化的时候并没得到很好的解释。经过一番思考，你应该能够在看着图标、主题或者符号时，知道把它放在不同背景中它的意义会怎么改变。

图3-21　"A Quiet Moment"耳钉(Cappy)

三、流行的首饰

时尚通常是社会的晴雨表。时尚领域中的任何东西，都可能成为流行首饰的设计灵感源泉。

流行首饰的设计要配合时装的流行趋势，因此容易被认为是短命的。然而，作为首饰的一个类型，它已经存在很久了，只是更多的时候是以"时装首饰"的名字为人所知。如今，流行首饰被大量制造，价格相对便宜，但这并不意味着流行首饰的价值下降了，它的地位没有降低，也没有粗制滥造，而且精心设计的流行首饰的寿命也不短，毕竟其代表的品位具有持久的感染力。

如今，人们越来越喜欢有趣的、个性化的首饰，流行首饰成为首饰界不断壮大的一个分支。设计流行首饰也被认为是在跨越鸿沟，因为它在商业流行首饰和精品首饰之间架起了一座桥梁。流行首饰使用的材料和工艺既包括传统的贵重金属和宝石，也包括便宜的令人愉悦的替代品。这些替代品包括金属、镀层金属、塑料、玻璃珠和任何可以令人兴奋的、有趣的、个性化的、便宜的以及与众不同的材料。

设计流行首饰时，顾客能接受的零售价格是非常重要的考量因素。有品牌的流行首饰相对更贵一点，除了"势利"因素，人们愿意花更多的钱买著名设计师或品牌的饰品。如图3-22中的戒指，采用铂金、黄金、钻石制成，设计感极强。

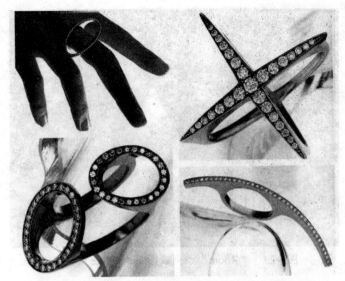

图3-22 "Renaissance"系列戒指(Pavel Herynek)

四、雕塑型的首饰

人们经常为了追求美而设计首饰，这体现了首饰的装饰性。不过，许多设计师认为，他们设计的首饰作品是纯艺术作品。这就出现了一个问题：首饰设计制作是遵循设计原则还是艺术原则？由于实用功能的要求，多数人认为首饰设计要遵循设计原则，但也没有理由认为它不能成为一件艺术品，特别是它本来就是三维的，这就使得首饰可能成为微型雕塑。

要设计一件既像艺术品又像首饰一样可以戴在身上的作品，其设计内涵，或者说设计理念是一个重要的方面。大部分雕塑型首饰设计师都喜欢制作冲击力强的作品，这样既可以吸引注意力，又可以传达想法。

因为雕塑型的首饰通常要表达某种思想，所以与其他类型的作品相比，它会有更多的程序，而且在某些方面更复杂、深邃。除了形状、造型、配色、质地等，还要采用一些别的设计手段，确保把设计理念成功地传达给观赏者。此外，加上标题能更好地解释设计理念，让观赏者或佩戴者参与其中，也有助于突出作品背后的设计理念。

和所有类型的首饰一样，雕塑型首饰需要精心设计，以便把形状、形式、颜色、质地、对观者情感上的影响等都考虑到。此外，对于雕塑型的作品，设计师还要考虑当它不被佩戴时，如何实现这个作品的功能、传达设计理念，因此要做整体考虑。图3-23中的"Room"系列戒指就是一组基于整体考虑的作品，由银和黄金制成。

设计雕塑型的首饰可能很个人化，也可能是发泄情绪的一种方法。雕塑型的首饰很容易传达设计理念，感动那些能理解这些想法、象征意义的人。

图3-23 "Room"系列戒指(Jacqueline Myers)

第四章
首饰的设计元素

一个设计师可能会有多种方法来制作一件有趣而迷人的首饰，然而，构思却很容易流于俗套。这也许是因为那些凝聚个性的设计元素被忽略了。无论设计师的灵感和理念是什么，都有一些重要的元素在综合完善设计的过程中是必须要考虑的。设计师应花点时间去考虑作品的形状、形态、质地、色彩、肌理和情绪的冲击力、功能、材料和工序，以确保没有错失任何可以改善、提高、丰富设计作品价值的机会。

首饰设计属于空间领域的设计，设计语言十分丰富，多视角的形态变化、不断变幻的光影效果使得设计作品异彩纷呈，美不胜收。从首饰设计的形式上讲，首饰设计是按照对称、均衡、节奏、韵律、调和、对比等形式美法则，运用写实、夸张、变形、抽象的方式进行设计的艺术形式。

首饰的形式元素主要指首饰材料、空间形态、质感肌理、色彩组合等几个方面的因素。设计思路是从点、线、面等这些单个视觉元素开始，熟悉设计的"字"和"词"，然后用材料、色彩、肌理和质感来丰富视觉感受。通过形式美法则、视觉心理等方面，研究各种元素组合的效果。从这些简易的元素入手，研究点、线、面、位置、比例、色彩、肌理相互之间的关系，以及各种关系带来的不同的心理感受，从而掌握首饰设计的基本要领。

第一节　材料

为了达到充分表达设计意图的目的，首饰作品可以采用任何一种材料，天然的或是合成的，从贝壳、羽毛、陶瓷到纤维、皮革、木头，从传统的贵金属以及某些廉价金属到高熔点金属，用于制作首饰的材料越来越广泛。这些材料具有各自的物质特性，或由于材料本身的性质不同而呈现出不同的面貌，或由于色泽的差异能给人带来不同的心理感受，或因材质的肌理特征带来不同的审美效果。

首饰材料决定了首饰设计的结构、色彩、肌理、价值等诸多因素。材料的质地和性能会影响首饰结构的牢固性、稳定性、耐久性，甚至影响体积大小和制作方式，材料的贵贱可能会影响首饰的经济价值。因此要设计出满足不同需求的首饰作品，首先要了解各种首饰材料的特性。

材料的类型有不同的分类方法。就首饰用材料而言，可分为首饰用金属和首饰用非金属两大类。

一、金属材料

首饰用金属主要包括三大类，即贵金属、廉价金属、高熔点金属。

(一) 贵金属

贵金属，是指有色金属中密度大、产量少、价格昂贵的金属，包括金、银、铂、铑、钯、铱、锇、钌，后6种元素称为铂族金属，其中锇和钌不用于制作首饰。贵金属材料拥有良好的耐腐蚀性，是首饰的主要基础材料，使用历史悠久。但由于纯的贵金属较软，无法镶嵌宝石，同时颜色单一，人们常常在贵金属中添加一定量的其他金属，生产出各种颜色的贵金属合金。

1. 金

金(Au)，也称为黄金，是人类最早发现并开采和使用的一种贵金属。金具有恒久、迷人的黄色金属光泽，几千年来，在人类心中是财富和权力的象征。黄金首饰的灿烂光辉，使古代的人们联想起他们曾视为生命创造者而膜拜的太阳，故被先民称为"太阳的灵魂"。图4-1中的首饰就是用黄金制成的。

图4-1 "街头急行者"胸针(Julia)

金是首饰艺人和顾客喜爱的金属之一。对于匠人们来说，纯金的优点是锤击时无须加热，不会断裂，有很强的韧性，1克黄金可以拉成1公里以上的长丝；抗腐蚀、抗氧化，不会生锈、不会失去光泽。黄金独一无二的物质特性使手工艺人的梦想成真。纯金的缺点是质地柔软，易变形，不能用于镶嵌宝石，故通常在纯金中加入银、钯、铜、镍、锌和铁等不同金属元素制成合金，以增强其硬度和强度，但延展性相对纯金来说降低了。

合金有多种颜色(见图4-2)，在首饰业中使用最多的是黄色金，它是金、银、铜的合金，较常见的还有绿色、粉色和白色金。总的来说，金合金中含银越多，合金颜色越绿；

含铜越多，颜色越粉。金合金除上述颜色外，还有红色、蓝色、黑色、紫红色等颜色，但它们较少用于首饰业，因为加工难度很大。

图4-2　三色金胸针

达到一定成色的金合金称为K金。24K表示含金量为99.9%，18K表示含金量为18/24=75%，依此类推。在首饰业中使用较多的是14K金和18K金，后者被认为是高质量首饰用金的国际标准，但世界各地偏爱不同，北美人比较喜欢14K金，欧洲人更喜欢18K金，而印度和东南亚人则比较喜欢22K金。

2. 银

银(Ag)，也称为白银，使用历史十分悠久。银的光泽柔和明亮，有着很强的亲和力，温润、细致、素雅的品质让人很容易接近它，图4-3中的戒指就是采用银制成的。中国古代人将白银视为吉祥之物，是赠给初生婴儿的首选礼物。银首饰也是我国少数民族以及佛教和伊斯兰教徒们喜爱的装饰品。现在中国的部分少数民族，如苗族、回族、侗族、瑶族等，仍然保留有佩戴银饰的传统，而且是"见银在先，见金在后"，对银首饰尤为珍重和偏爱。他们根据各自的生活习惯、宗教信仰，冶制出了很多富有民族特色和宗教信念的银首饰，如发饰、腰饰、耳饰、戒指、手镯、项链，以及银摆件、供器和日常用品等。

图4-3　"Life"戒指(Kathryn)

银呈银白色，具有良好的导电性、导热性和对可见光的反射性。银的延展性强，柔软坚韧，具有较强的化学稳定性，但极易与空气中的二氧化硫合成为褐色的硫化银，加上银的储量比其他贵金属大，所以银在贵金属中的地位一直不高，只属于普通的低档贵金属首饰。在美、英、法等西方国家，甚至将银首饰划入普通的服装首饰范畴。但银洁白可爱，历史上一直视其为贵金属，与黄金一样也可作为国家货币和硬通货储备。

为了防止银变色，可以在银首饰表面镀铑或镀金(见图4-4中以925银制成的蛋糕铲)。其中以镀铂族金属铑的效果最好，这一技术可使银首饰表面银辉闪烁，色如铂金，而且由于铑镀层坚硬耐磨，可以抵抗酸碱的腐蚀。但有的设计者认为，银变色后呈现出来的暗色古朴典雅，他们会通过工艺技术手段使银故意变色，突出复古的感觉。

图4-4　蛋糕铲(Cynthia Eid)

3. 铂族金属

铂族金属包括铂、铑、钯、锇、铱、钌6种元素，而常用于制作首饰的铂族金属只有铂、铑、钯和少量的铱，它们的性质相似。铂具有稀有、纯净、坚韧的三大特性。著名首饰设计师路易斯·卡地亚称铂为"贵金属之王"。铂首饰(见图4-5)的银白色泽自然天成，经常佩戴也不会出现锈斑和褪色，而且可以与任何类型的肤色相配。铂首饰超乎尘世的纯粹，更能衬托出佩戴者的清秀脱俗。

图4-5　铂金钻石婚戒

　　铂首饰以往主要流行于日本、欧洲与北美一些经济较发达的国家和地区，尤其受到日本民族的偏爱。随着我国经济的发展，我国已经超过有"铂金大国"美誉的日本，成为世界铂金销量的第一大国。

　　尽管铂的硬度比金高，但要镶嵌钻石和其他首饰仍感硬度不够，这时往往需在铂金中加入少量的钯、铑、铜等其他金属做成铂合金来提高材料的硬度和韧性。铂钉合金与铂铱合金是在首饰业中使用较广泛的铂合金，尤其适合制作镶嵌在银辉闪烁的铂金托架上，晶莹的钻石与洁白的铂金交相辉映，相得益彰。而纯铂金一般制成不镶嵌首饰的素铂金首饰。

　　在国外，铂金一般都刻有Pt字样和表示纯度的千分数字，如标有Pt900印记，即表示纯度为千分之900的铂金。欧洲发达国家基本都规定铂金饰品的纯度应该超过千分之950。在美国，凡是见到刻有铂金标志的饰品，其纯度都在千分之950以上，故千分之950不再标出。日本规定铂金饰品有4种纯度规格：1000Pt、950Pt、900Pt、850Pt。我国使用最多的是900Pt。

(二) 廉价金属

　　廉价金属产量大，价格低廉，例如铜、铁、锡、锌、铅、镍和铝等。这些廉价金属常常以一定比例加入贵金属中制作成各种合金，如铜基合金、锡基合金等。有些也单独使用制作首饰，如铜首饰、铁首饰、铝首饰等。为了改善外观，提高价值，廉价金属首饰表面常用机械包裹或者电镀的方法包一层贵金属。

1. 铜(Cu)

　　铜的新鲜色为粉红色调，但极易氧化成绿色。铜易于加工，颜色温和，结实耐用，故自远古时期就被用作首饰材料。它的主要缺点是易氧化，并很快失去光泽，故纯铜首饰随后被各种铜合金首饰替代。以铜为主要成分的合金，最早有黄铜和青铜，后来又有了亚金、稀金等。黄铜是由铜和锌合成的铜合金，色泽与24K黄金相似，但黄中泛红。青铜是除锌、镍以外的元素为主要合金元素的铜合金，是制造青铜器的合金材料。亚金是以铜为主，适当添加锌和镍等金属的铜合金，呈金黄色微泛绿色，是20世纪后期兴起的较低廉的仿金材料。稀金是稀土元素如镧、铈等与黄铜熔合而成的铜合金，其色泽、工艺性质均与黄金相似，是近年来新发展起来的较好的仿金材料。如图4-6所示，为采用银、黄铜制成的胸针。

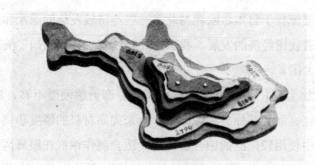

图4-6 胸针(Brice Garrett)

2. 铁(Fe)

铁曾用于生产一些铸造和锻造的首饰，但直到18世纪之前数量都不是很多。19世纪初在德国柏林开始大量生产铸铁首饰，被称为"柏林铁首饰"，包括胸针、项链、手链等，其中有些是涂黑漆的，少数是涂金的，一直持续到19世纪末。由于铸铁硬化后会变脆弱，故铸铁中常加入硅及比钢中稍多的碳，在制造时还加入一些硫磺，使铁水更易流动，以制成图形复杂的薄铸件。

3. 铝(Al)

铝呈蓝白色，质轻，延展性好，不易氧化。当铝刚刚被发现时，其价格甚至高于金。现在，铝作为一种常见的普通金属，只用于制作一些装饰首饰，其中有些经过阳极氧化和染色处理，会产生缤纷的颜色，如图4-7中的项圈，即采用阳极氧化铝、银制成。

图4-7 "花束"项圈(Arline M.Fisch)

(三) 高熔点金属

高熔点金属包括钛(Ti)、铌(Ni)、钽(Ta)和锆(Zi)，以熔点高为共同特征。这些金属过去在工业领域，特别是尖端技术领域有广泛应用，现在已经开始应用于首饰业，其应用前景十分被看好，特别是在制作新潮首饰领域。20世纪60年代，英国人率先开始研究高熔点金属的表面着色技术，主要是通过加热或阳极氧化的方法使金属表面产生氧化层而着色。钛的着色效果尤为理想，其表面的一层薄的钛金属氧化膜不仅可以起到保护作用，而且可以产生美丽的晕彩。图4-8中的戒指就是用银和钛制成的。

钛的优点是密度小，抗蚀性能优良，故钛合金首饰在接触人体汗液时不易腐蚀变色；缺点是难以成形和弯折，而且不能用常规方法焊接，故通常做成扁平的首饰或用铆接的方法进行拼接。

图4-8　"蓝色的山"戒指(Jon M. Ryan)

由此可以看出，各种金属材料具有各自不同的性质和特点，例如金和银不仅在材料的硬度和色彩上有所区别，而且可以通过其经济价值的差异来体现人们不同的心理；铁和铝在经济价值上相差不多，但其质量上的差异会产生稳重与安全方面的不同心理反应。设计师掌握各种金属的性质，对于表现首饰设计意图很有帮助。

二、非金属材料

(一) 宝玉石材料

宝玉石以其神秘的吸引力、高雅的色彩以及缤纷的光泽历来深受世人的珍爱，一直是首饰设计的重要材料。宝玉石可以分为无机宝石和有机宝石。大部分宝石都属于无机宝石，按照结晶特点划分，无机宝石可以分为单晶质宝石和多晶质玉石。按照价值划分，单晶质宝石可分为高档宝石和中低档宝石。高档宝石包括钻石、红宝石、蓝宝石、祖母绿、猫眼等。

钻石具有极高的硬度和好的亮度、火彩和闪烁，被誉为"宝石之王"(见图4-9)。同时由于受到钻石寡头戴比尔斯公司深入人心的"钻石恒久远，一颗永流传"宣传语的影响，光彩夺目的钻饰当之无愧成为现代人首选的婚嫁首饰，也是众多明星走红地毯、聚焦镁光灯下这一动人时刻的重要配饰。中低档宝石常见的有碧玺、托帕石、石榴石、紫晶、黄晶、橄榄石等，多数具有鲜艳色彩。有些优质的中档宝石价值也不菲。首饰中常用的多晶质玉石有翡翠、软玉、欧泊、青金石、绿松石等。

有机宝石指的是成因与动物或者植物有关的宝石，例如珍珠、珊瑚、琥珀、玳瑁、煤精等。

图4-9　钻石戒指(Cindy Chen)

任何设计要素的选择，包括材料的选择都有一定的意象性的存在，这也是设计文化的内容。在进行首饰设计时，除了考虑宝玉石材料的性质和价值，还要考虑隐含的审美和文化内涵。由于文化和审美的差异，在选择宝石材料时，东西方人常具有一定的倾向性：西方人喜爱宝石，而东方人尤其是中国人则对玉有着不解的情愫。玉在中国有着悠久的历史，并且文化内涵极为丰富。从光泽上看，宝石悦目闪耀，更符合西方人的审美需求；玉石温润含蓄，更符合东方人的气质特点。从颜色上看，同样是绿色，西方人钟情清澈透明的祖母绿；而东方人特别是中国人则青睐青翠欲滴的翡翠。直至今日，中国人对玉的情愫依然炙热，设计出许多精美的玉首饰(见图4-10)。

图4-10　玉配饰

(二) 其他非金属材料

随着流行首饰的发展，对于宝石以外的其他非金属材料，除了贝壳、骨头、陶瓷等传统材料，木材、织物、羽毛、皮革、硬纸等新型材料也开始被广泛应用。图4-11中的作品，原材料有黄铜、水泥、玻璃、PVC。

图4-11 "城市之光"戒指(2016级毕业设计，高本昇)

这些新型材料的共同特点是色泽艳丽、便于加工、价格低廉，有些还具有重量小、适宜佩戴的优点，非常适合制作只供短期使用的流行首饰。

无论是天然材质还是人造材料，都有其本身特殊的图案、颜色与质感，能带给人不同的感官刺激，使人产生不同的心理感受，这种心理感受也会直接影响其对首饰整体造型的最终感受。天然材质中的动物皮毛柔软温暖，充满野性奢华之美；皮革粗糙质朴，予人沧桑粗犷之感；木材淳朴敦厚，疏密变化的纹理产生节奏感、韵律感；羽毛轻盈柔软，具有梦幻感、柔美感。人工材质中透明澄澈的玻璃，带给人清凉梦幻的感觉，由于其易碎，又使人产生脆弱感；织物给人以柔和感、温暖感，被拉伸的织物产生张力感，薄或透明织物会产生通透感；质地比较粗糙的陶瓷给人以厚重之感；纯净细致的陶瓷，流露出高贵典雅的气息，图4-12中的首饰，就采用青花瓷作为原料，此外还用到了925银。

图4-12 "江南"系列首饰(2016毕业设计，冷诗坤)

　　根据材料的不同，首饰设计可以分为两大类。一种首饰设计重在原料的贵重和加工的精细，比如用钻石、中高档有色宝石、黄金、铂金等制作的首饰，以珍贵取胜，原料本身在很高程度上就决定着成品的价值，款式的变化相对来说居于次要地位，这种首饰一般又称为保值首饰。

　　另一种首饰设计主要侧重款式的新颖和独特的个性，常采用价廉、易着色的材料(见图4-13)，如中低档宝玉石、玻璃、塑料、银等，这种首饰一般可称为流行首饰、时尚首饰或概念首饰，以时尚感取胜，造型夸张、色彩鲜艳、款式新颖，且价格相对低廉。在欧美等西方国家，时尚首饰在中产阶级里已流行多年，这类作为纯装饰意义的时尚首饰还可以紧密配合时装潮流的走向，及时反映时尚流行趋势。

图4-13　"海之生"胸针(吴彩轩，亚克力)

第二节　形态

　　形态是指首饰作品的实体，具有一定的结构，是三维的空间概念。任何一件首饰都是以一定的形态和量感出现的，并对人的精神产生某种感染力(见图4-14)。运用形态主导首饰设计，可使首饰更加具有视觉冲击力和美感特征，同时表现出丰富的文化和情感意象，赋予首饰更鲜明的个性化特征。首饰设计是一门研究曲线和弧形形状的三维空间的学科，它与人体的可随意改变、不确定性以及三维空间形态有直接联系。三维空间物体能够表现丰富的变化以及视觉和触觉的不同感受，对其任意角度的研究，都能给人带来惊奇和令人激动的变化。

图4-14　"Fly"黄金头饰(Kirsten)

一、平面要素

虽然首饰是三维立体设计，但对于每一件首饰来说，都可以分解成多个平面，尤其是胸针、项坠等半立体首饰，欣赏面一般就是主视面，是作为主要装饰的面，但其他的次要面的设计也能起到画龙点睛的作用。从这层意义上讲，首饰可以看作由许多平面视觉形态组合成的三维造型。

无论是三维还是二维的视觉形态，点、线、面都是构成元素中的基本抽象单位。三维空间中的点、线、面概念和二维平面中的有很大的不同。平面中的点、线、面只具有位置的意义，虽然这种位置有时能产生视觉中的空间效果，产生厚度和肌理，但这只是视觉化的，不能产生空间上的全方位的视觉变化。

(一) 点

点是一切形态的基础。在几何学定义中，点只有位置，没有大小，是线的开端和结束，存在于线与线的相交之处，是概念化的表现。在首饰设计中，点可以具有独立的大小、形状和色彩，是具有空间、位置的视觉单位。

不同形态的点能表达不同的情感，有不同的性格表现，如方点有坚实、规整、静止、稳定之感；圆点往往给人以饱满、充实、运动、不安定的感受；多边形的点会让人产生尖锐、紧张、躁动、活泼的联想；不规则的点给人以自由、随意、活跃、个性的感觉等。

平面的点缺乏进深感，且需要依托于平面；而立体的点则比较自由，可以借助支撑物"悬浮"在空间的某个位置。单个的点在首饰造型中具有争取位置、避免被他形同化的性质，并起到视觉的强调作用，让人们感受到它的内部具有膨胀和扩散的潜能；而经过编排且密集成群的点，则会对首饰造型产生更明显和丰富的作用和影响(见图4-15)。

图4-15 "明日"黄金耳饰(日本,金川训子)

1. 线状连续的点

多个完全相同的点等距间隔排列在同一个方向上,可以产生线的感觉,既可以是平面的,如直线,也可以是立体的,如螺旋线。无论何种形态的点,只要将其纳入线的轨迹中,都可以产生虚线的感觉,在此基础上进行有规律性的改变,可以产生能量的多样化。此外,点在大小上渐次变化还可以产生速度感、空间感(见图4-16)。

图4-16 "Fecund"黄金项饰(Tricia Lachowiec)

2. 面状连续的点

连续排列的点依附于大的立体表面,或被限定在某一个面层里(平面、曲面或球面)构成的造型,往往会给人一种很强的面状感受(见图4-17)。大而疏朗的点等距间隔排列,看起来较为轻松、舒畅;小而密集的点等距间隔排列,有很强的包容性。

图4-17 "寂静"项饰黄金(Lisa)

3. 空间连续的点

将连续的点纳入三维空间里进行排列以构成造型,可产生较强的视觉冲击力(见图4-18)。

图4-18 "Receive Flower"黄金项饰(Jeffrey)

(二) 线

几何学中的线只有长度,没有宽度,但是在首饰设计中,线不仅有宽度,而且宽度具有丰富的变化,是非常敏感和多变的视觉元素。

在点、线、面中,线是最有表情和表现力的,力量和感情的变化都可以通过线来表达出来。线有粗细之分、曲直之别、方向之异，不同的特征和性格，使人产生的心理感受也有着很大的差异(见图4-19)。

图4-19　黄金肩饰(粗线)

粗线表现力强，能体现形态本身的体积感、可靠性以及在平面中应有的地位。相比较而言，细线表现力相对较弱，缺乏足够的力度，从而增加了视觉上的紧张感(见图4-20)。

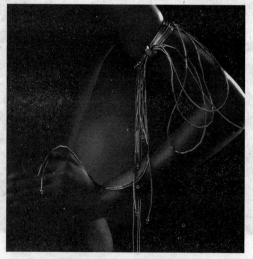

图4-20　黄金臂饰(细线)

曲线比直线更富有动感和情感色彩。从原始时代的纹饰中可以知道，曲线一直是人们表现美感的一种方式。曲线有几何曲线、自由曲线之分。几何曲线具有秩序性，圆形、椭圆形、涡形曲线等都具有一定的视觉美感；自由曲线打破了规律性，给人柔软、舒展的感觉，具有更大的自由度和更强的创造力(见图4-21、图4-22、图4-23)。

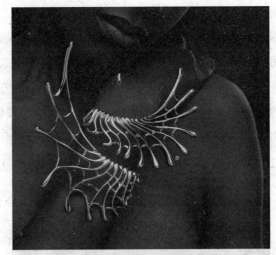

图4-21　黄金腕饰(曲线)

图4-22　黄金臂饰(曲线)

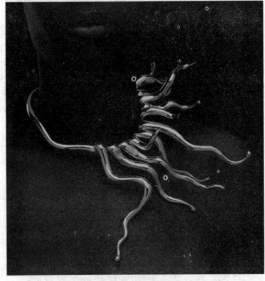

图4-23　黄金项饰(曲线)

　　直线根据方向不同，可分为水平线、垂直线、斜线和折线。水平线给人平静感、安全感；垂直线给人紧张感；斜线产生不稳定的动感；折线产生不安定感。

　　平面的线没有空间感，而立体的线可以从各个视角、各个方位表现出来。它不仅可以停留在空间的任何位置，还可以通过弯折、扭曲来改变在空间里的方向和位置。

　　单独的线比较单薄，缺乏体量感，而连续排列的线能产生面或体的感觉(见图4-24)。多线的视觉效果不仅取决于每条线，更取决于线的组织方式。利用线的长短、曲直、疏密、交接、穿插等，还可以使连续的线产生强弱、舒缓、高低、节奏、旋律等情感特性(见图4-25)。

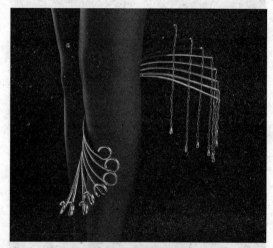

图4-24　黄金配饰(连续线的体量感)

图4-25　黄金配饰(连续线的节奏感)

(三) 面

几何学中的面只有面积，没有厚度；而首饰造型中的面却多具有明显的厚度，凡是具有体积感的形态必定与面的视觉形象有联系。面给人最重要的感觉是由面积而形成的视觉上的充实感。在二维空间中，面的表现力比点与线更强烈(见图4-26)。

图4-26　黄金腕饰(曲面)

面可分为几何形面和任意形面。几何形面在视觉上显示明显的秩序性，给人整齐有序、舒适完整的心理感觉。但当几何形面缺少变化、过于完整，就能突显任意形面富有变化、充满想象的优势。几何形面又可分为直线几何形面和曲线几何形面。直线几何形面简明、直率、稳定，而曲线几何形面灵活、柔软、动感。任意形面也可分为非几何形态的曲面和偶然性的直线边形态。

平面中的面通常只能看到其表面，不能显示其截面；而立体的面则可以从平面和截面两个方面来体现。截面往往给人以线的感受，如轻快、流畅、具有弹性等；而表面则又给人以块材的感受，如充实、沉稳等。表面平滑的面具有延伸感，凹凸不平的面具有体量感，透明的面具有通透感，球面具有张力感。

1. 连续面的造型

连续面的造型是指面被折叠、弯曲、翻转，而产生的有秩序的或者自由的造型。连续面的造型可以使面与面进行相互转变，甚至表里不分(见图4-27)。

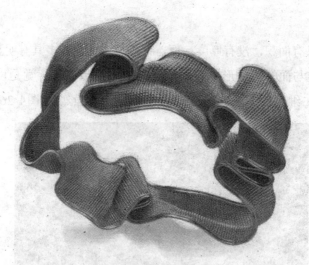

图4-27　正弦曲面项链

2. 单元面的组合造型

单元面的组合造型是指通过单元面(形状、大小的重复或渐变)的平行排列或纵向插接，或者单元面的自由组合而产生的造型。这种造型方式可以通过比较简洁的单元面而构成十分复杂的立体首饰形态。它既可以组合成复数体(相同单元的造型)，也可以组合成复合体(不同单元的造型)，见图4-28。

图4-28　黄金腕饰(单元面)

(四) 块

块具有明显的空间占有特性，有着更重的视觉分量(见图4-29)。另外，由于块材具有连续的面，所以能提供更多塑造的可能，并能产生更多的视觉变化。

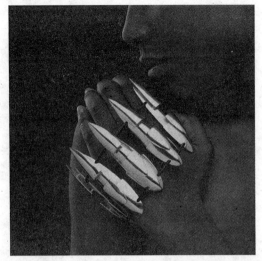

图4-29　黄金腕饰(块)

　　通常，块材能给人以充实、稳定之感；几何形的块材能给人规则感；有机形的块材能给人亲切感；直线形的块材能给人冷静、庄重感；流线型的块材能给人速度感。

　　在塑造首饰形态时，许多结构是向几何体靠拢的，例如长方体、圆柱体、球体、半球体、金字塔式的四方锥体等。这些几何体具有一些共同的特征，每一种几何体又分别具有比较明确的审美心理特征，所以在首饰形态设计中经常将其作为主要的构成件，通过切割和组合，产生丰富的几何形态，创造出富有现代气息的首饰形态(见图4-30)。

图4-30　黄金配饰(几何形态)

　　当然，点、线、面等只是一些基本的归纳形态，是构成元素的基本类型。在每一类形态下，还会有无数种物质的具体形态。只有明白这一点，才能避免首饰的形态设计像画几何体那样一成不变，从而充满丰富的艺术语言性(见图4-31、图4-32、图4-33)。

图4-31　点、线、面、体构成的首饰(1)

图4-32　点、线、面、体构成的首饰(2)

图4-33　点、线、面、体构成的首饰(3)

(五) 空间

空间，是指实体形态与实体形态之间，或被实体形态所包围的间隙或范围，又被称为虚体或空虚形态。与点、线、面和块所不同的是，空间是不可视且不能触及的形态。深度是空间的本质，我们只能通过潜在的运动感去感觉它，从思维中去理解、认识它，因此空间常常给人以空旷、轻灵、神秘以及距离之感(见图4-34、图4-35)。

图4-34　3D打印几何形态首饰(1)

图4-35　3D打印几何形态首饰(2)

二、构成形式

构成是指将具象形态或点、线、面等抽象形态，按照对称、均衡、统一、黄金分割等美学原则进行分解组合，通过重复、对比、变异等形式，使诸元素在三维空间中达到平衡。"统一"使人感到整体舒畅；"变化"令人感到新奇刺激；"对比"强调个性；"调和"则强调共性关系。

(一) 重复构成

重复构成分为近似构成、渐变构成、发射构成等。

1. 近似构成

近似构成即把较多的相同形态或相似形态构成在一个空间里。可以从单一形象的设计与形象的排列规律两个方面进行研究，即基本形与骨骼的设计。在近似设计中，可以采用一个基本形，也可以采用两个或两个以上的基本形。基本形是近似构成中的形象主体，应该简单明确，但也具有形状、大小、色彩、肌理的差异性，同时还受到方向、位置、空间和重心的管辖。运用相类似的基本形进行近似构成，会使画面产生许多细部的变化，增加审美的趣味性(见图4-36)。

图4-36　黄金臂饰(近似构成)

2. 渐变构成

渐变是重复构成的另一种变化形式，它是指基本形或骨骼逐渐的、有规律的循序变动，它会产生节奏感和韵律感。渐变是一种符合规律的自然现象，例如自然界中物体近大远小的透视现象，水中的涟漪等，这些都是有秩序的渐变现象。在首饰设计中，渐变构成也是常用的构成形式之一(见图4-37、图4-38)。

图4-37　黄金肩饰

图4-38　黄金头饰

　　渐变既是骨骼线的变化，也是基本形的变化。这种变化有规律、有秩序，既起了视觉引导的作用，又以自身的秩序美满足了审美心理的需求。由于相同形象的多次重复，会产生整齐有序的视觉效果，也可能产生节奏感、律动感，以及视觉上的活力(见图4-39)。

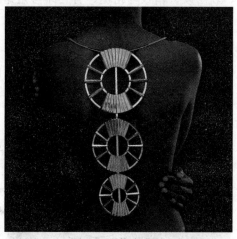

图4-39　黄金背饰

3. 发射构成

　　发射构成是一种特殊的重复，是基本形或骨骼单位环绕一个或多个中心点向外散开或向内集中的构成方式(见图4-40)。同时它也是一种特殊的渐变，骨骼和基本形也要做有序的变化，是一种具有较强烈的动能结构的构成设计，能创造较宏大的空间结构和较复杂的空间关系，也有利于各种空间形象的塑造。

　　发射构成的特点是：其一，必须向四周扩散或向中心聚集；其二，具有明确的中心点。发射点可一个也可多个，可在画内也可在画外，可大可小。

图4-40　黄金配饰

(二) 对比构成

对比可以制造反差，增强视觉刺激，因此，对比是设计构成中最活跃、最积极的形式之一。首饰设计中的对比构成形式一般可以从以下三个方面考虑。

1. 元素的材质方面形成对比

例如，材料的新与旧、软与硬、精致与粗糙、有光泽与无光泽、透明与不透明、有肌理与无肌理的对比。

2. 元素的形态方面形成对比

例如，几何形与非几何形、完整形与不完整形、直线与曲线以及形态的凹凸、厚薄等方面的对比。

3. 元素的空间位置方面形成对比

例如，水平与垂直、视觉上方与下方、重心稳定与偏离、动与静的对比(见图4-41)。

图4-41　黄金、铂金配饰

首饰设计中的对比一般不是单一的，往往是多种对比同时出现(见图4-42)，所以需要处理好各对比之间的主次问题。占主要位置的对比关系是最重要的对比关系。对于次要的对比关系，必须控制其对比度，避免繁杂。

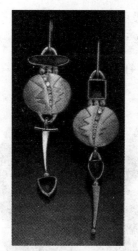

图4-42　耳饰(Tami Dean)

(三) 变异构成

变异是对一种规律的突破，在相同或相似形态的重复排列中做小的、局部的变化，本质上也是对比的方法之一。变异构成的目的是以变异求注意，避免平淡，所以变异部分必须引人注目、与众不同(见图4-43)。变异构成的主要方法有骨骼的变异和基本形的变异。

图4-43　变异构成的首饰设计

第三节　色彩

就色彩本身而言，并没有美丽与丑陋之分，或者说，所有的色彩都是美丽的。但有时我们感觉不到设计中色彩的美丽，其原因在于设计者没有运用好色彩。色彩通过人为的组合后，不但会有美丑之分，而且还可以左右人们的思想，影响造型的发展。因此，在首饰设计过程中，设计者应理解色彩的关系，提高自己的色彩感觉和对色彩的表达能力。

运用色彩是作品迅速、有效吸引人注意力的方式之一。人是视觉敏感的动物，色彩是刺激感官的非常重要的元素。色彩是一种非常有用的方式，它能使首饰更加丰富多彩，也能增强人们购买它的欲望(见图4-44)。

图4-44　钻石、彩宝胸针

一、首饰材料的色彩

几乎所有的首饰材料都具有色彩。宝玉石材料色彩缤纷、异彩纷呈。可能呈现红色的宝玉石有红宝石(见图4-45)、石榴石、碧玺、托帕石、钻石、日光石、珊瑚、玛瑙、翡翠、芙蓉石等；可能呈现蓝色的有蓝宝石、海蓝宝石、托帕石、碧玺、钻石、坦桑石、青金石、玉髓等；可能呈现绿色的有祖母绿、绿色绿柱石、绿色蓝宝石、石榴石、钻石、碧玺、萤石、翡翠、绿玉髓等；可能呈现黄色的有黄色蓝宝石、托帕石、黄水晶、黄色绿柱石、钻石、石榴石、琥珀、珍珠等；可能呈现紫色的有紫晶、方柱石、萤石、翡翠等；可能呈现无色的有钻石、无色蓝宝石、水晶、月光石、萤石、珍珠等；可能呈现黑色的有钻石、水晶、黑曜岩、玛瑙、翡翠、煤精、珍珠等。有时候，即使在同一块宝石上也可能存在多种色彩，如碧玺、玛瑙、欧泊(见图4-46)。塑料、玻璃和珐琅等人工材料，则可以拥有层次渐近的更为丰富的色彩，可满足广泛的设计需求。

图4-45　红宝石戒指

图4-46　欧泊戒指

　　天然的色彩具有朴素美、真实感，同时也可以对材料进行色彩的人为附着加工，以保护材料和美化材料。

二、首饰色彩的对比

　　在首饰设计中，较少单独使用一种色彩(见图4-47)。当一种色彩与另一种色彩组合在一起时，它的含义或者视觉效果通常会发生变化。例如，红色与粉红色在一起，会产生浪漫、温柔的感觉；红色与黑色在一起，会产生神秘、高贵的感觉。色彩的和谐总是相对的，单纯地追求和谐，反而可能会使作品显得没有生气。要使首饰生动起来，方法之一就是加大色彩之间的差异性，从而使色彩对比成为作品中一个引人注目的亮点。

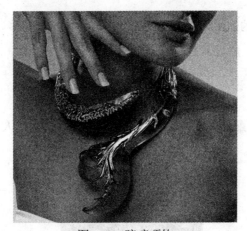

图4-47　琉璃项饰

　　色彩的对比，包括色相、明度、纯度、冷暖、形状等不同方面的对比。在首饰设计过程中，各种对比经常混杂在一起，无法完全区分开，只是在视觉上的分量不同而已。首饰设计中常见的是因色相之间的差别而形成的色彩对比关系，色相对比的规律主要通过色相环来掌握，下面以伊顿12色色相环(见图4-48)为例，研究不同间隔的两个色相相匹配的表现效果。

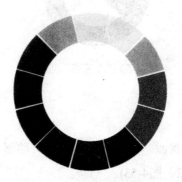

图4-48　伊顿12色色相环

(一) 同种色对比

单一色，使用存在微小差异的色彩匹配，可以传达出高雅、静寂的感觉。

(二) 邻近色对比

相邻两色的匹配，对比关系柔弱、含蓄。

(三) 类似色对比

间隔1色的两色的匹配，对比关系统一、协调(见图4-49)。

(四) 中差色对比

间隔2～3色的两色的匹配，对比关系比较丰富，色相变化多，明快、生动。由于相对于互补色而言是邻近色，所以兼有对立和平稳的感觉(见图4-50)。

(五) 对比色对比

间隔4色的两色的匹配，色相饱满、华丽、鲜明、欢快，让人兴奋(见图4-51)。

图4-49　紫色胸针　　　　　　图4-50　"莲花"项饰　　　　　　图4-51　碧玺项链

(六) 互补色对比

间隔5色的两色的匹配，刺激、醒目、强烈，颇具动感。即使面积较小，也能通过尖锐的对比产生紧凑感(见图4-52、图4-53)。

图4-52　青金石戒指　　　　　　图4-53　翡翠红宝石戒指

　　从以上多种色相对比的实例可以看出，色相差越大，越活泼；反之，色相越靠近，越稳重。而调动色相环上的每个色相、网罗式的配色称为"全色相型"。如图4-54中的项饰，通过再现自然界中的多种色相，达到充分释放活力的效果，烘托出节日般的热烈气氛。

图4-54　"Astrale"项链(意大利，宝格丽)

三、首饰色彩的调和

　　由于多样色彩并置，便有了色彩的多类对比，如果对对比不加以控制，可能会产生杂乱的感觉。所以，需要设计师进行理性安排，处理好每一块色彩的明度、纯度、色相、冷暖、面积等，使彼此之间通过对比相得益彰，这就是色彩的调和。首饰设计中，要调和色彩关系既可以遵循相似色配色的原则，也可以运用对比色配色的原则。

(一) 类似调和

类似调和即注重色彩要素的一致性，在色彩的明度、色相、纯度上追求相同元素的近似。

(二) 对比调和

不依赖某种元素的一致或近似，而是通过不同色相、明度、纯度的组合来实现一种视觉上的有序，达到色彩和谐的目的，这就是对比调和。

(三) 折中调和

折中调和是指在两种色相、两种明度、两种纯度之间选择某种色相、某种明度或纯度，插入强对比的色彩之中，以缓和对比，也称为增加色彩层次法。

如图4-55中所示，两只戒指的主色调分别是红色和绿色、红色和蓝色，色彩对比十分强烈，通过插入无色钻石和黄色金属，将对比进行适当缓和，但保留下来的整体感觉还是色彩对比强烈。

图4-55　色彩鲜艳的戒指(意大利)

第四节　质感和肌理

首饰是一种可触摸的艺术形式，感触它的方法尤为重要。人们通常认为首饰应该是闪闪发光的，尽管镜子般的成品有其价值，但还是有许多其他肌理表面和质地也不应该被忽视。

感受质地是一种绝妙的体验，能够让触觉享受到美妙或精致，也能让我们大饱眼福。

不论什么样的效果，质地都是一个强有力的设计元素(见图4-56)。不论表面质地是什么样的，它都不应该是随心所欲的。

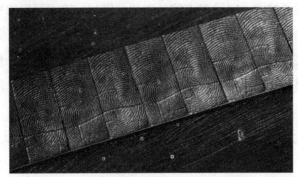

图4-56　纯银腕饰

质地是无声的视觉语言，我们对质地的理解也是根深蒂固的——如果一个物体的表面没有光泽，或者覆盖常见的、由风化而产生的绿色光泽，我们就会认为它已经有了年头。这种认识对于创作那种能唤起特别反应的作品很有帮助。设计师通常利用质地来仿制被普遍认同的表面，表现设计意图。比如，可在一个银质表面上通过蚀刻条纹、表面氧化来表现树叶或者山石(见图4-57)。

图4-57　"塔山"925银手镯

肌理，是物象表面质地的肌肤与纹理，包括纹理、颗粒、质地、光泽、痕迹等多种视觉表象。质感，源于拉丁文"textura"，在《牛津词典》中被定义为："织物经纬之排列，表皮、外壳等表面或实体经触摸或观看所得之稠密或疏松程度；质地松散、精细、粗糙之程度；表皮、岩石、文学作品等构成成分及结构之排列；艺术作品中物体表面的描写；生物学上的组织、组织之结构之意。"

肌理和质感之间的区别很模糊，但两者还是存在一定的差异。质感偏向于材料和质量对心理的暗示，如软的还是硬的、温暖的还是冰冷的等。例如，丝绸和钢铁分别给人以柔软光滑和冰冷坚硬的质感。质感也偏向于纹理、材质给人带来的"视觉质感"。肌理可分为视觉肌理和触觉肌理两种。视觉肌理是平面的，触觉肌理是立体的。

肌理与质感通常可以给人带来不同的心理反应。一般来说，粗糙冰冷而无光泽的表面会令人有笨重、原始的感觉；平滑、温暖而有柔和光泽的表面会令人有舒适和想触摸的感觉。肌理可以从视觉或触觉上消除形态的单调感。例如，较大面积的平面常常会让人感到很"空"，如果增加一些平面肌理或触觉肌理，就会让人感到很"充实"。

一些触感肌理还会给人以特殊的感受，如呈颗粒状的肌理会有一种刺激感，皮纹状的肌理会有一种柔和感，喷砂状的肌理会有一种摩擦感，光滑的肌理会有一种顺滑感。

一、材料的天然肌理和质感

大部分天然材料都具有显在的肌理，例如木质肌理、石质肌理、纤维肌理、宝石的花纹等。首饰设计中，可以直接模仿、借用天然肌理，或者对它们进行重新组合。如图4-58所示，这枚胸针采用黄金和绿松石制成，就运用了材料的天然肌理。

图4-58　"Talk"胸针(Emily)

二、人为创造的肌理和质感

人工的物质肌理是美的形式的集中体现，具有更强烈的视觉冲击力，稍明显一些的肌理形态在强光下还具有较强的立体光影效果。运用光影的变化塑造多变的心理感受，是增加肌理美感的方法之一，可以简单而有效地改善形态过于"呆板"的状况。各种不同的肌理可以按一定规律组合在一起，从而形成更为丰富的肌理效果，能有效地消除形态的单调感。

首饰设计中，设计师常常对金属材料添加人为肌理效果，也称为金属表面修饰。金属表面修饰的类型和工艺多种多样，大体可以分为以下三大类。

(一) 光面肌理

光面肌理以获得明亮反光的表面为目的，主要途径为镜面磨光。镜面磨光(Bright

Polish)是用锉、砂纸或金刚砂纸把金属表面的各种特征除去，使首饰表面显得平滑光亮的工艺。

从图4-59可感受到，高精度的表面处理与不修边幅的粗犷风格形成强烈对比，具有强烈的视觉冲击力。近年来，使用带钻石刀具的机械在金属首饰上刻制图形的"钻铣"工艺和使用带钻石的刀具切金属链的表面，使其具有宝石般明亮刻面的"钻切"工艺较为流行，使用这些工艺可在金属首饰上刻画出各种线条和图案，所截切的面非常光亮，无须进一步抛光。

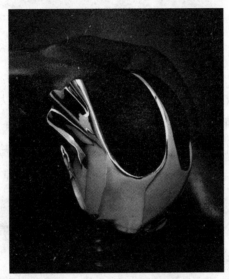

图4-59 "Hold"头饰(Marina)

(二) 毛面肌理

毛面肌理以获得无光的毛面为目的，使金属首饰具有暗淡的无反射表面，从而达到突出相邻的抛光部分的目的。当设计者认为金属的颜色比金属的光泽更重要时，可以采用毛面肌理的表面处理方式，主要有丝光和喷砂两种方式。

1. 丝光

丝光是利用装在磨抛机上的刷光轮，对金属表面进行加工，得到装饰性丝纹刷光和缎面修饰效果的过程。刷光轮的制作材料有金属丝、动物毛、天然纤维或人造纤维等。较常用的是各种金属丝刷光轮，分为很细、细、粗等几种。很细、细的规格可得到缎面效果，粗规格的可得到丝纹效果。

2. 喷砂

喷砂是用喷砂机将金刚砂颗粒或细小的玻璃珠射向金属表面使其变毛，以突出首饰抛光区的亮度。喷砂分为干喷砂和湿喷砂两类，干喷砂加工表面较粗糙，效果粗犷(见图4-60)；湿喷砂则较为精细，有一种朦胧的效果。

图4-60　黄金手镯(日本)

(三) 花纹肌理

花纹肌理是通过外力(物理的)来改变或创造金属表面肌理以获得各种花纹、图案的金属表面肌理制作方法(见图4-61～图4-64)。具体方法大致有压花、錾刻、蚀刻、熔融、碾轧、揉皱、锻造、刮擦、切削等。表现手段多种多样,效果也五花八门,难度并不大。不过,要想获得理想的肌理效果还需反复实验。下面,简单介绍常见的几种。

图4-61　银胸针(南和京)

图4-62　银及镀金戒指(孙常凯)

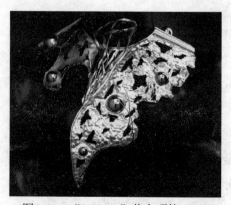

图4-63　"Magma"黄金项饰(Rita)

图4-64 紫铜配饰(日本，贴佐美行)

1. 压花

金属压花是通过机械设备(压片机)在金属板上进行压纹加工，使金属板材出现不同的花纹。图4-65中的作品采用925银和棉线制成，使用了压花工艺。

图4-65 "温度"手镯系列(2017级毕业设计，王振宇)

现以银片压花为例，其具体步骤如下所述。

(1) 准备好黄铜片、纯银片和纹理较粗的布片，如图4-66所示，银片的尺寸应略小于布片和黄铜片。银片需经过退火，彻底洗净，因为轧好纹理后，银片无法再用打磨工具进行修整。

图4-66 压花(1)

(2) 材料叠放的顺序是(从上到下)银片、布片和黄铜片。布片夹在中间，形同三明治，如图4-67所示。目测压片机滚轮之间缝隙的大小。

图4-67　压花(2)

(3) 把材料摆放整齐，滚轮间隙的宽度应略小于三块材料相加的总厚度。需要注意的是，银片经过碾压后厚度会减小，所以，选料时需要留出碾轧的余量，如图4-68所示。

图4-68　压花(3)

(4) 纹理只能一次碾轧成功，如果失败，必须重新备料再碾轧，绝不可以在同一块银片上进行二次碾轧，否则所得纹理会十分混乱，不具备识别性和美感，如图4-69所示。

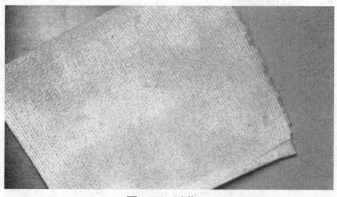

图4-69　压花(4)

(5) 压片机碾压而成的银片肌理如图4-70所示。

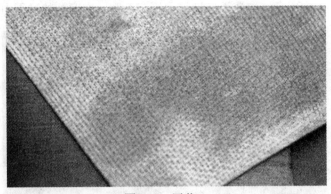

图4-70　压花(5)

2. 錾刻

錾刻，是使用一整套具有各种基本图形的錾子，通过捶击錾子，使金属表面刻画出线条、图案、文字等呈现凸凹花纹图案的一项工艺。錾刻历史悠久，早在公元前两千多年，人们就开始用燧石、青铜以及铁来刻画金制品。錾刻是一项古老的工艺，18世纪的法、英等国都已有很好的錾花制品。与镌刻和雕刻不同，在錾刻过程中并无金属材料被削掉。

錾刻工艺服务于两个目的：其一，制作仅从正面敲击的錾花金属首饰；其二，当从背面敲击做成浮花制品后，再从正面敲击以增强其效果。图4-71中的项饰采用银、钛制成，运用了錾刻工艺。

图4-71　"Open"项饰(Danae)

3. 蚀刻

蚀刻法也叫腐蚀法，是使用化学酸剂对金属进行腐蚀，从而得到斑驳、沧桑的装饰效果的一项工艺。蚀刻法需要使用化学药品，这些化学药品一般都带有强腐蚀性，使操作具有一定的危险性，所以操作蚀刻法时一定要做好防范措施，并按相关安全使用规则行事。

蚀刻法的操作流程如下所述。

(1) 用毛笔蘸清漆在洗净的紫铜片上描图，需要腐蚀的地方留空，无须腐蚀的地方则用清漆覆盖，如图4-72所示。清漆不可涂得太厚，否则，在腐蚀的过程中会发生脱落。

图4-72　蚀刻(1)

(2) 清漆完全干燥需要一天左右的时间，待干燥后，把铜片放入腐蚀溶液中，如图4-73所示。腐蚀溶液是由硝酸和水以1∶5的比例配制而成的。硝酸的比例越高，腐蚀的速度就越快。

图4-73　蚀刻(2)

(3) 太快的腐蚀速度会导致纹样毛糙，所以腐蚀速度以适中为宜。可以不时用镊子夹出铜片，检查腐蚀的深度。一般半小时就可完成腐蚀，获得理想的腐蚀深度，如图4-74所示。

图4-74　蚀刻(3)

(4) 达到所需深度时，夹出铜片洗净，如图4-75所示。用硫化钠溶液给紫铜片做旧以后，再用细砂纸(2000目左右)轻轻打磨凸起的地方，使色彩的对比得到加强。

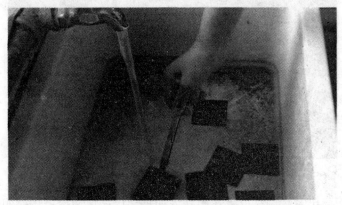

图4-75　蚀刻(4)

(5) 腐蚀后的紫铜片肌理如图4-76所示。

图4-76　蚀刻(5)

4. 熔融

首饰设计中，还可以通过添加材料来改变金属的表面效果。注意添加的材料一般为金属，因为只有金属之间才能熔接在一起。熔接时，一定要着重考虑各金属不同的熔点，密切关注金属的熔化状态，以免添加的金属彻底熔化而导致熔接失败。

具体的操作步骤如下所述。

(1) 准备一块紫铜片，厚度为 0.8毫米，洗净后晾干；再把数段紫铜丝弯曲成形，放置在铜片上，用火枪灼烧，如图4-77所示。

图4-77　熔融(1)

(2) 把分段的锡块紧靠铜丝放置，用软火加热锡块，使锡块熔化，如图4-78所示。用镊子引导锡块流动，注意随时撤去焰炬，使锡金属凝结，从而把铜丝和铜片固定在一起。

图4-78　熔融(2)

(3) 用铜刷子蘸去污粉，在水龙头下清洗金属件的表面，把金属件彻底洗净，完成制作，如图4-79所示。

图4-79　熔融(3)

(4) 熔融肌理制作完成，如图4-80所示。

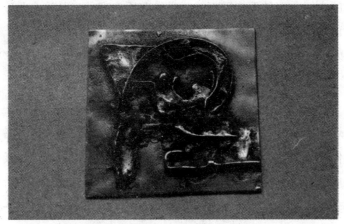

图4-80 熔融(4)

三、金属表面着色技术

自古以来，金属就被用于首饰制作，主要是黄金和白银这些稀有的、贵重的金属。由于这种贵重金属制成的首饰往往为富人所有，黄金和白银便成为财富和权力的象征。那时，黄金与白银的纯度都很高，受限于加工技术，坚硬的金属并不容易被加工成细小的首饰，所以纯金和纯银的使用率很高。当然，从伴生矿中提纯金银的工艺也不成熟，首饰工匠能用上的金银材料大多是在大自然中发现和开采的纯度较高的金银。冶炼技术和加工技术尚且如此，金银的表面着色处理就更不用说了，这就是古代首饰多呈固有色的缘由。

随着现代首饰艺术的发展，被用于首饰制作的金属种类越来越多，可是，用于首饰制作的金属的固有色泽毕竟是有限的，大多呈现较浅的冷色调，如白色(白银、铝、铂金)、青色(青铜)、紫色(紫铜)、灰色(钛)、柠檬黄(黄铜、黄金)等，所以金属总给人以冷峻的感觉，不容易接近。除了黄金，其他金属色彩的纯度较低、饱和度较低，且容易氧化，影响色泽和美观程度。

随着首饰业的不断发展，人们对首饰色彩的要求越来越多、越来越精，这就对首饰制作提出了新的要求，首饰设计师面临的挑战也越来越大，他们不得不开拓设计视野，打开设计思路，寻找新材料来设计制作首饰，来满足市场需求。与此同时，设计师也在现有的、常用的金属材料上寻求突破口，利用各种办法来改变金属的固有色，使原本冰冷坚硬的金属呈现温暖、柔和、绚丽的色泽。

于是，即便是常用的贵金属也有了新外貌，首饰不再是简单的金色和银色的组合，除了这两种具有传统意义的颜色，现代首饰已经完成了色彩的革命，随着钛金属、阳极氧化铝以及多种彩金的加入，现代首饰设计师早已不再惧怕人们对鲜艳色彩的要求，他们完全可以通过各种手段改变手中的金属的固有色，基本上实现了按需所取。设计师的艺术想象力因此有了发挥的空间，那种无拘无束的感觉是前所未有的。从这个角度来讲，技术进步的同时，完全可以带来设计艺术的新突破。

(一) 工具与设备

金属表面着色所需的工具相对比较简单，因为金属表面着色只不过是一种辅助的工艺手段，当然，这并不是针对金属表面着色效果的重要性而言的。在具备常规首饰制作条件的情况下，我们还需准备一些用于盛放化学药品的器皿、电解槽，以及电解所需的简单设备，如调压变压器、电镀整流器、多功能铝着色机，等等。这些设备价格并不高，也很容易在市场上买到。现在工业上的金属表面着色工艺已经相当发达，关于彩金技术，钛、铝、不锈钢、镍、铜等金属的着色应用已经十分广泛。不过，在小件的、独一无二的首饰制作中，金属着色只需首饰制作者亲手操作即可，所以，作为工作室首饰制作者来说，掌握简便的金属着色工艺技术是非常实用和必要的。

(二) 贵金属表面着色工艺

金属都有其固有色泽，如前面所述，黄金，顾名思义呈黄色，白银呈白色。人们喜欢在金属的名称前加上色泽名称，使得我们对金属的固有色一目了然，如黄铜、紫铜、青铜、白铜等。当然，这时的色泽称谓并不准确，如紫铜，也称红铜，事实上它的固有色为浅红色偏紫，绝非紫色。

利用现代加工工艺，黄金可呈现黄色、白色、玫瑰红、粉红色、橙色、绿色、蓝色、褐色以及黑色，这是由于黄金中加入了铜、铝、银、钴、钯、铁、镉、镍等金属，这样的黄金被称为"彩金"。当然，彩金是一种合金，纯度不可与纯金相提并论。不过，既然能获得如此丰富的色彩，即便是降低了纯度，也还是受到很多时尚人士的欢迎。如今，彩金风潮似乎如火如荼、方兴未艾。

彩金一般需要经过电镀工艺，其彩色效果才会更加明显，更加鲜艳。确切来说，彩金是由K金加补口制作而成，一般的补口为K黄补口、K白补口或K红补口。18K金熔入这三种补口就可形成黄色、白色、玫瑰色(见图4-81)三种颜色，但仅仅是这些材料的简单叠加，还不能获得想象中的鲜艳颜色，于是，电镀就派上了用场，它可使色彩更加鲜亮。K黄一般用盐作为电镀材料，K白一般用铂金水(铑金)作为电镀金，这两种都能起到很好的增彩和保护作用，而K红一般用铜盐作为电镀金。

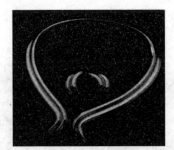

图4-81　玫瑰金项圈和耳饰(希腊)

1. 镀金

镀金工艺分为两种，其一为同质材料镀金，比如在黄金首饰的表面再镀一层金，可使黄金首饰的表面更加光亮，色泽度更高；其二为异质材料镀金，即对非黄金材料的表面进行镀金，如银镀金、铜镀金，可以使黄金的光泽覆盖在被镀材料上，提高首饰的观赏性。镀金工艺实际上是在金属表面镀上一层金或合金，目前使用的镀金溶液有氰化物镀液、低氰柠檬酸盐镀液和亚硫酸盐镀液，其中低氰柠檬酸盐镀液较为常用。

2. 白银着色法

银是白色的金属，在首饰用金属材料中，它是次于黄金、铂金等的贵重金属。近年来，白银的价格一路走高，接近每克7元的价格。白银在高校的首饰设计与制作课程中被广泛使用，虽价格偏高，但相对黄金材料的价格，学生还是用得起的。

白银的延展性好，易于加工，适用于多种首饰加工工艺，如錾花工艺、花丝工艺、镂刻工艺等，其化学性质稳定，与水及大气中的氧都不起反应，但接触到空气中的氯化物会变色，遇硫化氢和硫会变黑。银的着色法一般为化学着色法，把银浸泡在硫化钾和氯化氨溶液中，可得到深灰色、黑色、暗红色；浸泡在高锰酸钾溶液中，可得到黑色、棕红色；在实际操作中，还可以把银浸泡在温热的84消毒液中，即可得到深灰色、黑色。

白银表面的做旧效果较为常见，其制作步骤如下所述。

(1) 剪裁一块银片，表面打磨平整，垫在由松香、大白粉和机油调和而成的成形胶上面，用直线錾子錾刻轮廓线，如图4-82所示。

图4-82　银做旧(1)

(2) 把银片从成形胶上面取下来，垫在钢砧上，再用较小的錾子錾刻短线条，制作肌理效果，如图4-83所示。

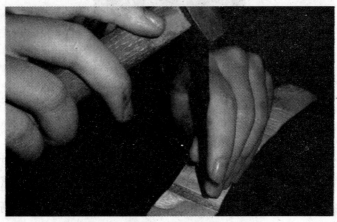

图4-83　银做旧(2)

(3) 把银片弯曲成手镯的形状，浸泡在硫化钾做旧液中，不时观察银表面的颜色变化，当获得自己满意的颜色时，立刻取出银手镯，如图4-84所示。

图4-84　银做旧(3)

(4) 用较细的砂纸打磨银的表面，使凸起的银表面呈白色，而凹下去的部分依旧保留氧化银的颜色，从而使银手镯的表面呈现强烈的黑白对比色，完成制作，如图4-85所示。

图4-85　银做旧(4)

(5) 银做旧完成品如图4-86所示。

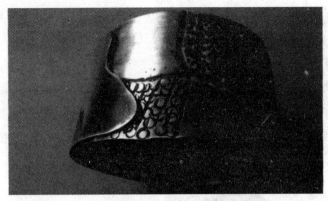

图4-86　银做旧(5)

(三) 普通金属表面着色工艺

1. 紫铜着色法

紫铜为纯铜，固有色是淡红色偏紫，故又称紫铜。紫铜的着色法一般为化学着色，是将紫铜金属浸泡于不同的化学溶液中，金属表面生成氧化膜，从而呈现不同的色彩。紫铜着色的色彩很多，有深棕色、古铜色、红棕色、紫红色、褐色、深蓝色、灰绿色、黄色、橙色、金黄色、黑色等，其色彩通常与生成膜有关，如绿色是碳酸铜生成膜，黑色是硫化铜或氧化铜膜，红棕色是氧化亚铜膜。金属表面的氧化膜的厚度会影响色彩的深浅变化，从而使紫铜着色的色彩多种多样。图4-87中的胸针采用紫铜和珐琅制成，在制作过程中运用了紫铜着色法。

图4-87　"桑巴舞"胸针(Wendy McAllister)

2. 黄铜着色法

黄铜是铜与锌的合金，可以用化学方法以及电解方法进行着色。

化学着色是将黄铜浸泡在硫酸铜、氯化铁、氯化亚铁以及硫酸铜、氯化钙、氯化镍等溶液里，能得到较好看的铁锈色、仿古绿色。此外，黄铜通过化学着色还可得到金黄色、黄色、橘红色、棕色、褐色、黑色等色彩。

黄铜着色的方式主要是阴极电解着色，它是以碱性的铜盐溶液作为电解液，通过阴极电解着色，可得到黄色、金黄色、橙色、紫色、紫红色、蓝紫色、天蓝色、草绿色、黑色等。

3. 青铜着色法

青铜是人类历史上一项伟大的发明，它是红铜和锡、铅的合金，是金属冶铸史上最早的合金。铜具有熔点低、硬度大、可塑性强、耐磨、耐腐蚀、色泽光亮等特点，比较适宜铸造。由于青铜着色后呈现优雅的绿色，由此深受雕塑家以及现代首饰创作者的喜爱，如图4-88所示。

图4-88　"Window"青铜戒指(Sirja Knaapi)

青铜着色的具体操作步骤如下所述。

(1) 运用雕蜡技术雕刻蜡模，然后铸造成青铜金属件，用锯子锯掉水口，用锉子修整金属件，如图4-89所示。

图4-89　青铜着色(1)

(2) 把修整后的青铜件放入酸液中，浸泡10分钟左右取出，用清水冲掉酸液，再用铜刷子将青铜件表面清洗干净，如图4-90所示。

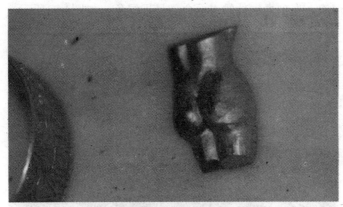

图4-90 青铜着色(2)

(3) 将清洗干净的青铜件放置于耐火砖上，把硝酸铜与水按照1∶1的比例，调制成溶液，放于一旁待用，如图4-91所示。

图4-91 青铜着色(3)

(4) 用毛笔蘸硝酸铜溶液涂抹青铜件的表面，一定要涂遍，不留死角，如图4-92所示。

图4-92 青铜着色(4)

(5) 用软火给青铜件加热，温度不可过高，控制在300℃左右。一边加热，一边继续用毛笔涂抹硝酸铜溶液，直到青铜件的表面全部呈现绿色，如图4-93所示。

图4-93　青铜着色(5)

(6) 完成上色后，为了防止青铜件继续氧化变色，可以在青铜件的表面涂抹地板蜡。打蜡后，青铜件的绿色会变得深一些，显得更含蓄而沉稳，如图4-94所示。

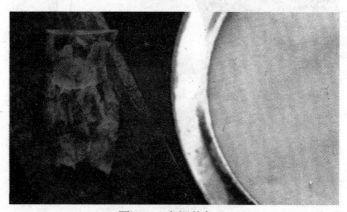

图4-94　青铜着色(6)

(7) 青铜着色饰件完成，如图4-95所示。

图4-95　青铜着色(7)

4. 铝着色法

阳极氧化铝色彩较为均匀艳丽，在现代首饰设计和制作中经常被使用，尤其在国外，有许多首饰艺术家都有阳极氧化铝工艺的首饰作品问世。事实上，阳极氧化铝并非什么新鲜物，甚至在国内的工业界，阳极氧化铝的使用也是比较成熟的，只不过阳极氧化铝在首饰中的使用并不多见。铝金属的优点有质量较轻，质地较软，易于加工，价格也不贵，同时，它也是较容易着色的金属之一。

铝的着色法主要有电解发色法、化学染色法和电解着色法三种。电解发色法是阳极氧化和着色过程在同一溶液中完成，并在铝金属的表面直接形成彩色氧化膜的着色法；化学染色法是铝金属经硫酸阳极氧化而形成氧化膜后，再浸泡在无机或有机染料中进行着色的方法；电解着色法是铝金属经过阳极氧化后，浸泡在贵金属盐溶液里，通过使用交流电进行极化或用直流电进行阴极极化来进行着色的方法。

通过上述方法处理后，铝金属可得到蓝色、绿色、红色、红褐色、粉红色、紫色、黑色、金黄色、黄色、橙色、青铜色等，颜色十分丰富，还有深浅变化，视觉效果令人满意。如图4-96中的臂饰，采用阳极氧化铝和橡胶制成，别具一格。

图4-96 臂饰(Roger Hutchinson)

5. 钛着色法

钛金属的着色工艺实际上比较成熟，在国外的首饰设计作品中多有见到，但在国内，用钛金属材料来设计制作首饰的做法并不多见。目前，钛着色法有阳极氧化法、大气加热氧化法和化学氧化法三种。从色彩的种类、色彩的浓度及色彩的易控性三方面来看，阳极氧化着色法最具实用价值。

阳极氧化着色法又称电解着色法，钛在含氧介质中阳极电解时，与阳极发生氧化反应，钛和氧结合形成钛的氧化膜。它的原理是由于氧化膜表面的反射光与氧化膜、钛界面的内部反射光，发生光的干涉作用而显色。

　　钛的阳极氧化着色是有电压依赖性的，在不同电压下，电解时可生成不同厚度的氧化膜，由于光的干涉作用而显现不同的颜色，通常是在恒定氧化时间，再选取所需电压而获得既定色泽。钛的氧化膜强度较高，化学稳定性好，色彩鲜艳，颜色均匀，工艺简单，成本低，有较高的装饰和使用价值。如图4-97所示，在这件首饰中，钛与黄金、锆石搭配，增强了观赏性。

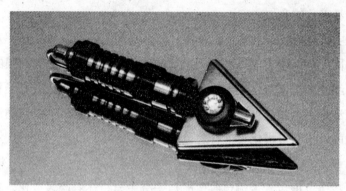

图4-97　胸针

第五章 首饰制作工艺

第一节　金属首饰制作工艺

　　首饰的制作技法从基础到高级，其形式多种多样。本书重点介绍金属表面的肌理制作、金属表面着色技术以及手工起版工艺。学习和掌握这几种基本的制作技法，基本上可以实现自己的首饰设计与制作蓝图。

　　不断实践是掌握首饰制作技法的有效方法，正所谓熟能生巧，我们只有在具体的操作实践中积累经验，才能创造性地解决一些具体的操作困难，并且使自己的加工制作技法达到精细和完美的程度。一件首饰作品的成败有时候取决于细节制作工艺的优劣，而专业的首饰制作者不会轻易放过任何一个局部细节。

　　对于一些基本的首饰制作技法，如果创造性地运用，同样可以出彩。制作金属首饰的基本方式主要有三种，即手工制作、浇铸、电成型。每种方法都有其优点和不足之处，故有时在制作一件首饰时会同时使用多种方法，以取长补短。其中，手工制作(手工起版)是最古老的首饰制作工艺，流传至今，久盛不衰，特别是针对艺术首饰，手工起版也是最常用到的。在高校教学中，手工起版也是必备和必须掌握的首饰制作工艺技能之一。

一、手工制作

　　手工制作也叫手工起版，是与铸造起版相对而言的，意思是说，首饰的各个部件都是经由纯手工制作而成，从化料、拔丝、压片，到部件之间的焊接，再到作品的打磨抛光，都需要一点一点、循序渐进地展开。图5-1中的胸针采用925银、漆、托帕石、橄榄石、紫晶作为原材料，以手工制作而成。

　　手工起版包括锤、锯、锉、钻、折弯、焊接、镶嵌和修饰各项工艺。

　　手工制作的优点：制品表面比浇铸件光滑、明亮；制品比浇铸件致密、结实、耐久，因而首饰不必做得太厚实，对制作耳环特别有利；根据顾客的爱好，每件首饰都可能是不同的；能充分体现首饰制作者个人的气质和风格。

手工起版的不足之处：费时费力；价格通常较高。

图5-1　胸针(胡俊)

(一) 工具与设备

用于手工起版的必备工具有锯弓和锯条，以及各式锉子、镊子、锤子、机针、油槽、焊接台等。

用于手工起版的设备有压片压丝机、拔丝机、吊机、火枪等。

可以说，所有用于手工起版的工具和设备加在一起，基本上就可以组成一个迷你型首饰工作室。掌握这些工具与设备的正确使用和操作方法，有着至关重要的意义。

手工起版的工具与设备大体可分为裁切、焊接、打磨、抛光和简单成形五类。锯弓和锯条属于裁切类；火枪、焊接台等属于焊接类；锉子、吊机、各式机针属于打磨抛光类；锤子、压片压丝机、拔丝机、油槽等属于简单成形类。当然，在市场上可以买到的相关工具和设备是多种多样的，种类实在繁多，在此不一一列出，如图5-2所示。

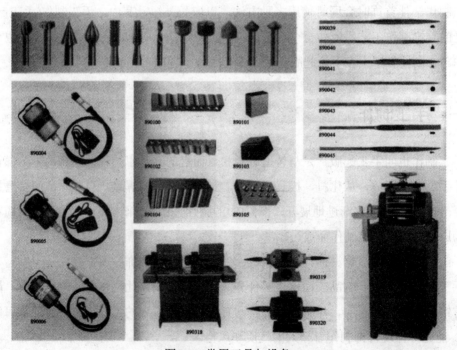

图5-2　常用工具与设备

(二) 手工制作步骤

1. 化料

化料是手工起版的第一步, 或者说, 是首饰制作的第一个步骤。它虽然是一道比较简单的工序, 但也要经过多次尝试, 才能比较好地掌握火候的大小、浇铸的速度以及计算油槽的最大容量等技术问题。另外, 化料还是制作焊药与各种合金的基本技术手段, 所以化料绝对是一项不容忽视的基本功。

化料的程序大致包括选料、重量估算、熔金、浇铸、清洗等几个阶段。

(1) 准备材料, 颗粒状的银料相对比较容易熔化, 所以是较好的原材料, 如图5-3所示。除了颗粒状的银料之外, 还有块状的、废旧银质碎块以及银粉末等几种银料可供选择。

图5-3　化料(1)

(2) 选择工具与设备, 如图5-4所示。这种小型油槽的熔料量比较有限, 如果是制作小件首饰作品, 这种油槽足够用了, 它可以浇铸金属片以及金属丝两种类型的型材。

图5-4　化料(2)

(3) 用电子秤给银料称好重量后, 把银料倒入坩埚中, 用大而密集的焰炬加热, 注意观察银料受热后的变化, 如图5-5所示。

图5-5　化料(3)

(4) 银料逐渐熔化，并在坩埚里形成球状，如图5-6所示。此时，如果金属液的表面比较脏，可以往金属液的表面撒一些硼砂粉末，这样可以去除污垢。

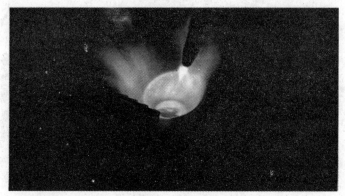

图5-6　化料(4)

(5) 用坩埚钳将坩埚夹起来回摇晃，如果金属球也随之来回滚动，则说明金属料已经彻底熔化。此时，略微倾斜坩埚，使焰炬也可以烧灼到油槽，从而给油槽预热，如图5-7所示。

图5-7　化料(5)

(6) 使坩埚的浇铸口对准油糟，把熔液浇铸进去。浇铸时不要移开焰炬，浇铸动作要快，以免金属液冷却或者金属片发生断层。冷却后打开油槽，完成化料，如图5-8所示。

图5-8 化料(6)

(7) 使用油槽化料而获得的金属片材如图5-9所示。

图5-9 化料(7)

2. 压片

金属片的厚度不同，用途自然也就不一样。如何才能根据自己的意愿来决定金属片的厚薄呢？使金属变薄的方法有许多，目前应用最多的也是最有效的，就是使用压片机碾轧。在压片机的碾轧作用下，金属片会越来越薄，当你获得所需的厚度时，停止碾轧即可。

压片机碾轧金属片只会使金属片越来越薄，不能使它变厚，所以，一定要对所需的厚度一清二楚，否则一旦金属片轧得太薄了，就只能重新化料和碾轧。压片具体操作步骤如下所述。

(1) 准备金属料，如图5-10所示。化料和倒料之前，先把油槽的宽度调整到与所需金属片的宽度相同或近似，这样压片时只需朝一个方向碾轧就行，大大地提高了压片的效率。

图5-10　压片(1)

(2) 把金属料塞进压片机滚轮之间的缝隙，转动滚轮，完成一次碾轧，如图5-11所示。

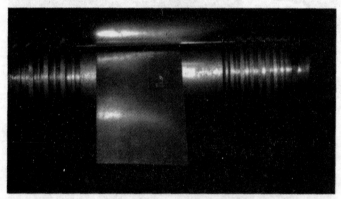

图5-11　压片(2)

(3) 每完成一次碾轧，都要旋转压片机顶端的把手，如图5-12所示，使滚轮之间的缝隙变得更小。这样，金属片不断地从缝隙中碾过，其厚度就越来越小。

图5-12　压片(3)

(4) 当金属片的厚度达到所需的数值，就可停止碾轧，洗净备用，如图5-13所示。

图5-13 压片(4)

3. 拔丝

金属丝的剖面呈现多种多样的形状,如正方形、长方形、圆形、半圆形、三角形、多边形、月牙形、花形以及其他多种造型。也就是说,可供我们使用的金属丝的种类是相当丰富的。这些不同形状的金属丝都是通过造型各异的拔丝板拔出来的(见图5-14)。所以,尽可能多地准备不同造型的拔丝板,就能获得更多的金属丝造型,从而拓展作品的表现力。

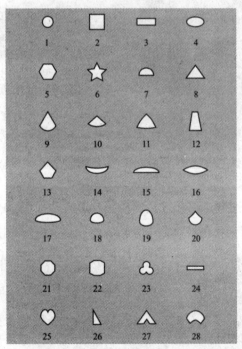

图5-14 不同形状的拔丝板

纯度越高的金属丝越容易通过拔丝板的孔洞,而低纯度的合金比较硬,所以很难顺利通过拔丝板的孔洞。即便是纯度高的金属,也要在拔丝的过程中不断地退火,否则,金属丝极有可能会发生断裂。

与压片相似,拔丝的过程也是使金属丝越变越细的过程,这是不可逆的,所以,一定要对所需的金属丝的粗细心中有数，否则一不留神，金属丝拔得过细，只能重新化料和拔丝。拔丝的具体操作步骤如下所述。

(1) 准备原材料，用于拔丝的原材料应该是线材，所以化料时，要把材料浇铸成柱状或线状，如图5-15所示。

图5-15　拔丝(1)

(2) 通常，压片机的滚轮的一侧都会有压丝槽，先将圆形的线材经过压丝槽的碾轧，这样可以使线材快速变细，如图5-16所示。此时，金属丝的横截面为正方形。

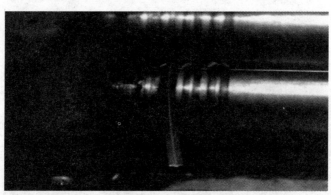

图5-16　拔丝(2)

(3) 当正方形金属丝细到可以通过拔丝板的孔洞时，如图5-17所示，改用拔丝板来继续减小金属丝的尺寸，因为拔丝板可以十分精确地控制金属丝的粗细。

图5-17　拔丝(3)

(4) 在拔丝的过程中不断给金属丝退火(加热)，使其变软，以便继续拔丝。一旦获得所需的尺寸，即刻停止拔丝，如图5-18所示。

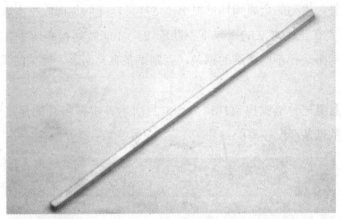

图5-18　拔丝(4)

4. 镂刻

镂刻是一种平面裁切工艺，通过镂刻，我们可以获得图样的正形和负形，也就是所谓的实形和虚形。

镂刻工具一般为锯弓和锯条，这是一种首饰制作用的锯弓，尺寸较小，而锯条也较细，适合于加工制作小体积的物件。图5-19、图5-20为采用镂刻工艺制作的首饰。

图5-19　"假面"银项链(2015级毕业设计，何宝龙)

图5-20　"Untitled"黄金配饰(Sofie)

由于锯条相对比较细，所以它能胜任十分精细的形体镂刻和裁切工作，可以锯出相当复杂的纹样。另外，镂刻的金属损耗量很小，这样可以降低首饰的制作成本。

学习镂刻需要在正确方法的指导下不断练习，才能做到得心应手。实际操作时，应根据金属片的厚薄来选择不同粗细的锯条，否则锯条容易断裂。镂刻的具体操作步骤如下所述。

(1) 在银片上用记号笔画出纹样，如图5-21所示。根据银片的厚度来选择锯条的型号，一般是较粗的锯条匹配较厚的银片。

图5-21　镂刻(1)

(2) 装好锯条后，一只手持锯，另一只手紧按银片，从银片外围开始镂刻，注意锯条始终与银片垂直，拐弯的地方不要停止锯条的上下抽动，如图5-22所示。

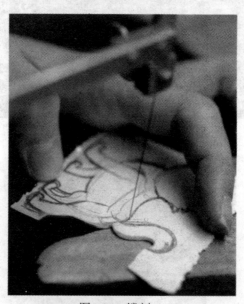

图5-22　镂刻(2)

(3) 镂刻时不可片面追求速度，一定要有耐心。当感觉到锯条发涩时，可以在锯条上抹蜡，如图5-23所示，使锯条的抽动变得顺滑，直到镂刻完毕。

图5-23　镂刻(3)

(4) 镂刻完成，如图5-24所示。

图5-24　镂刻(4)

5. 焊接

在手工起版过程中，焊接这道工序是最为困难的。对于初学者而言，焊接一枚戒指的缝隙是比较容易的，而随着学习的进一步加深，我们会遇到各种各样的焊接情况，焊接的难度也会越来越大。如果想成为一名合格的首饰制作者，焊接是必须要掌握的一种工艺，要做到从容应对各种复杂的焊接。

焊接是一种连接金属的过程。在焊接的过程中，放置在金属之间的焊药被烧灼而熔化，形成熔融区域，待冷却凝固后便实现金属材料之间的连接。焊药是一种合金，其熔点往往比高纯度的金属的熔点低，所以，受热后焊药率先熔化而流进缝隙。

焊接通常有点对点(当然，所谓的点其实是较小的面)的焊接、线条对线条的焊接、线条与点之间的焊接、面与面的焊接等。下面以戒指焊接为例，介绍焊接的具体操作步骤。

(1) 根据所需戒指号的周长剪裁一段银条，给它退火，冷却后用酸液洗干净，如图5-25所示。

图5-25　焊接(1)

(2) 把银条的两端用锉子锉齐整，如图5-26所示，这个步骤十分重要，因为只有锉齐整了，戒周才有可能贴合紧密。

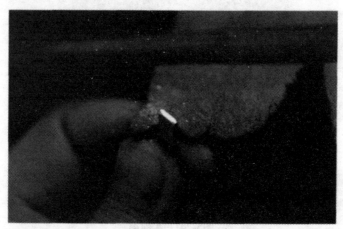

图5-26　焊接(2)

(3) 在戒指棒上用木槌把银条敲成圆圈，使接缝不偏不倚完全对齐，如图5-27所示。

图5-27　焊接(3)

(4) 戒周对齐后，在焊缝里涂抹硼砂焊剂，并把高温银焊药放置在焊缝上面，如图5-28所示。

图5-28　焊接(4)

(5) 先用软火烧灼，硼砂受热而膨胀，待硼砂凝结后，用镊子把移位的焊药轻轻推回原位。把焰炬调大一些，继续加热，如图5-29所示。

图5-29　焊接(5)

(6) 当温度达到焊药熔流温度点时，焊药熔化并开始流动，钻进缝隙中，完成焊接，如图5-30所示。冷却后酸洗，再经过打磨和抛光，就完成了一枚戒指的制作。

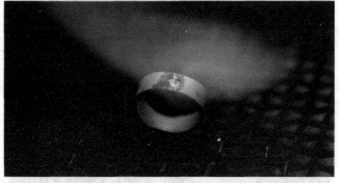

图5-30　焊接(6)

6. 打磨与抛光

打磨与抛光属于首饰制作精修的工艺范围，其作用就是去除首饰表面不需要保留的印痕，如焊点等，包括其他加工过程中工具遗留的印痕。去除这些痕迹以后，再把首饰抛光，提高首饰表面的亮度，从而产生光泽。

打磨需要使用各种锉子、吊机和机针、砂纸等工具。抛光的方法有很多种，除了手工方法，还可以借助机器来给首饰抛光，如磁力抛光机、滚筒抛光机、布轮抛光机、飞碟机、超声波抛光机等。手工抛光需要操作者熟悉各式锉修工具，并能根据不同的锉修环境选择相应的工具。下面仍以戒指制作为例，介绍打磨和抛光的具体操作步骤。

(1) 先用红柄锉把戒指面锉一遍，锉的时候，注意使锉子与戒指面平贴，运锉的方向要一致，力度要均匀，如图5-31所示。

图5-31　打磨(1)

(2) 把戒指扣在砂纸上，来回在砂纸上磨，如图5-32所示，这样磨出来的戒指两侧会很平整。

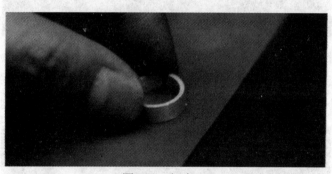

图5-32　打磨(2)

(3) 用较细的油锉锉修戒指的内圈，注意使用锉子的弧面来锉修，如图5-33所示。锉修时用力要均匀，方向保持一致。

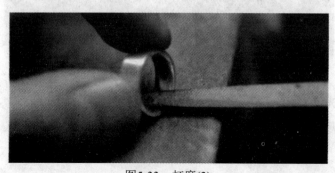

图5-33　打磨(3)

(4) 用锉子把戒指的内外圈都锉一遍之后，再用吊机安装砂纸卷，打磨戒指的内外圈，如图5-34所示。

图5-34　打磨(4)

(5) 先用600目的砂纸卷，再用较细的砂纸卷，一直用到2000目的砂纸卷，才能结束打磨，如图5-35所示。

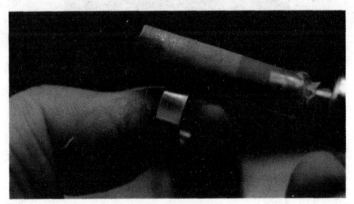

图5-35　打磨(5)

(6) 用子弹抛光头蹭一点白蜡，给戒指的内外圈抛光，如图5-36所示。如果想要极高的亮度，就要用更细腻的抛光头和抛光皂。一般三次抛光之后，戒指已经被抛得很光亮了。

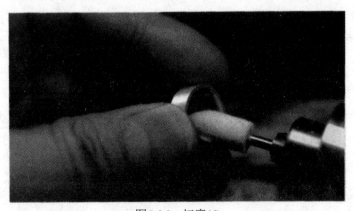

图5-36　打磨(6)

(7) 抛光后的戒指如图5-37所示。

图5-37　打磨(7)

图5-38中的耳饰是一件单部件抛光后的组合作品，采用925银电镀制成。

图5-38　"你是我的眼"耳饰(2016毕业设计，李月)

二、浇铸

浇铸是一项古老的工艺，大约在公元前1500年埃及人就已经使用，同时也是当前金属首饰制作中用得最多的一项工艺。浇铸的方法是把熔融的金属倒入预先制备好的成型空洞里，即"铸模"中，金属冷却固结后即成为浇铸件。如果首饰造型是自然形态，那么，使用最多的工艺就是失蜡浇铸法。此外，还有乌贼(墨鱼)骨制模、木炭块制模等。通过图5-39、图5-40中的首饰作品，我们可以直观地感受浇铸工艺在首饰制作中的应用。

浇铸工艺的优点：能较快地制作多件相同的首饰；选择造型的余地较大，应该说，只要能设计出造型，通过雕蜡制模都可以制造出；使用相同的模子可以进行批量生产，从而显著降低制作成本。

浇铸工艺的不足之处：制品的致密程度不如冲压件和手工件，为了提高首饰的耐久性和牢固程度，必然要做得较厚实，故有时略显笨重；因表面粗糙，需要进行更多的表面修整，而一些难修整到的地方就会显得粗糙和不光亮。

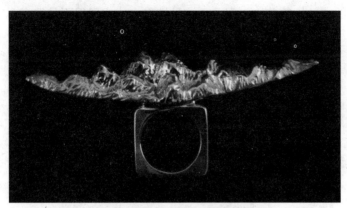

图5-39 "日出" 925银戒指(2016级毕业设计，陈晨)

图5-40 "Gasping" 黄金配饰(Natalie)

三、电成型

电成型，早先多称为"电铸"，通常是指用蜡、环氧树脂或硅氧橡胶制作模子，并在表面涂上能导电的物质，然后靠电流将金、银或铜等金属离子包覆在模子内侧的工艺。制作过程完成后将模子除掉，会留下成型的金属壳，其厚度通常小于0.18毫米。电成型工艺始于19世纪30年代发明电镀技术后，最初主要用于博物馆复制古代艺术品，且所用金的成色不能低于23.5K。直至20世纪80年代，法国首饰商开发出14K金和18K金电成型工艺后，这类首饰才得以逐步普及。

电成型工艺的优点：同等重量下其体型相对较大；重量轻，故制成耳环特别适用；制品表面能显示模子上的微细图纹。

电成型工艺的不足之处：易受损，佩戴时要特别小心，也因此不适用于制作手链或戒指；不易修复；不易镶嵌宝石，也不易做金属表面修饰；对设施要求较高，故同等重量下其价格高于浇铸的或冲压的首饰，因此，这种铸造方式应用得不是很多。

第二节　特殊首饰制作工艺

装饰和修饰工艺，是指在金属表面可以制作出肌理效果的抛光、锻打、刻画、腐蚀等工艺，还包括编织、烧蓝、花丝、马赛克等其他首饰制作工艺，下面介绍常见的几种。

一、花丝首饰

花丝，也称为"金银丝细工"，是用单根的、扭缠的或纺织的金属丝制作金属首饰的一项工艺。通常采用金丝或银丝，但古代首饰制品中也有采用铜丝的情况。花丝分为两种类型：一是将花丝制品用焊接方式固定到金属底座上；二是花丝制品单独作为首饰而无金属底座，这时也可称为"金属透雕细工"(见图5-41)。

图5-41　花丝纯银胸针

二、编织首饰

编织首饰是指将金丝、银丝交错穿插，或通过钩连、打结的方法制作而成的首饰。首饰制作中的编织工艺脱胎于传统工艺美术中的织布、编篮、针织等工艺，只不过编织首饰对编织工艺的要求更为精细和严谨。

作为最古老的工艺方式，编织工艺随着人类生活、行为、观念的改变而不断发展，表现于生活的方方面面。从服装、地毯、容器到首饰，到处都可以看到它的痕迹。发展到现在，编织的技术有很多种，运用于首饰制作中的大致有编织、针织、钩针编织、缠饰、编篮、打结等。

编织首饰在材料、色彩、编织工艺等方面形成了精致、典雅、奢华、灵动的艺术特色。

从材料上来说，贵金属黄金和白银被加工成较细和极细的丝线，贵金属丝线之间相互穿插、钩连、打结，呈现璀璨夺目的艺术效果。

从工艺上来说，通过运用编织、缠扣、编篮、打结等多种技法，采用疏密对比、经纬交叉、穿插掩压、粗细对比等艺术手法，使贵金属丝在一定的平面上形成凹凸、起伏、隐现、虚实的浮雕般的艺术效果，将贵金属丝编织成丰富多彩的花纹和造型，显示了精巧的手工技艺。

编织工艺还可以与其他工艺相结合，如焊接、铸造、镶嵌等，使得编织首饰呈现更为丰富多彩的视觉效果，从而满足现代时尚生活的需要。图5-42、图5-43中的首饰作品都采用了编织工艺，前者所用材料有纯银、925银、铜线，后者所用材料为黄金。

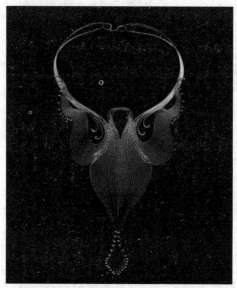

图5-42　"第41号"(Mery Lee Hu)

图5-43　"The Nest"配饰(Adar Sidahi)

三、烧蓝首饰

烧蓝，也可称为"上釉""涂珐琅"，即把有色的玻璃质物质熔结到金属上，以产生图案并达到装饰目的的一项工艺。这层玻璃质材料由粉状的二氧化硅组成，并由金属氧化物致色，称为"珐琅""釉料"或"瓷釉"，可以是透明的、半透明的或不透明的，可以是色彩艳丽的或较单调的，也可以是表面闪闪发光的或黯淡的。烧蓝工艺历史悠久，在不断完善和演化的过程中，形成了几个不同分支，主要类型有景泰蓝、透光珐琅、珐琅镶嵌品、绘制珐琅，此外还有花丝烧蓝和金属丝烧蓝。

(一) 景泰蓝

景泰蓝即在金属底座上用金属丝组成一定的图案，然后将有色的釉粉料充填在金属丝之间加热熔结的一种工艺。初期，金属丝或金属带是靠焊接固定在金属底座上的。随后，特别是在日本，这些金属丝或金属带改为用黏合剂黏结在底座上。当釉粉料熔结时，这些金属丝或金属带就被烧结的釉料固定住了。这项工艺曾被广泛应用于古希腊、古埃及、古罗马拜占庭和盎格鲁-撒克逊时期的首饰制作。

景泰蓝工艺在中国也有悠久历史，中国景泰蓝制作工艺精细复杂，具有独特的民族风格。关于"景泰蓝"这一名称的由来，通常解释为它起源或发展于景泰年间，釉料多为蓝色。实际上，"景泰蓝"一词是在辛亥革命前后才被采用的，而且"蓝"字也并非专指蓝色，正如现在该行业仍称"点蓝""烧蓝"一样，应是"发蓝"一词的简称。景泰蓝在我国明朝和清朝时达到鼎盛，除金器外，还将这项工艺用于瓷器，也就是以瓷土制作胎体，而后嵌入金属丝或金属带，再填入釉粉料并烧结。

景泰蓝工艺的艺术特点可用形、纹、色、光四字来概括。一件精美的景泰蓝首饰，首先要有良好的造型，这取决于制胎；还要有优美的装饰花纹，产生于掐丝；华丽的色彩取决于蓝料的配制；辉煌的光泽完成于打磨和镀金。图5-44中的首饰作品采用钛、银、珍珠、珐琅为原材料，其视觉中心部分即采用了景泰蓝工艺。

图5-44 "海洋3号"发簪(卢艺)

(二) 透光珐琅

透光珐琅与景泰蓝的不同之处是，透光珐琅没有金属底座，其外观有如彩色玻璃窗，所以也称为"窗式珐琅"或"透明景泰蓝"(见图5-45)。通常的做法是，将金属丝折弯成一个个单元，而后将它们焊接成一定的图形，也可将薄金属片冲穿，做成一定的图形，然后将金属框裹上掺有助熔剂的湿釉粉料加热熔结。还有一种办法是在金属框下面衬上一层铜箔，而后填入釉粉料，待烧结后将制成品放入酸中，将铜溶掉。

透光珐琅的这种工艺最初出现于15世纪文艺复兴时期，19世纪在法国又重新盛行。

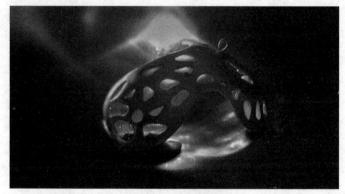

图5-45　透光珐琅

(三) 珐琅镶嵌品

珐琅镶嵌品始于约公元前700年的凯尔特民族。最初是把釉粉料填入金属胚胎上用镌刻、雕刻、蚀刻等方法刻画出的线形坑内，而后加热熔结，发展到后来，金属底座被更多地挖掉，坑逐渐加宽，彼此之间往往只留下很薄的金属壁。这些坑构成平底的栅格，可填入不同颜色的釉粉料，而后加热熔结。栅格的深度通常不超过0.5毫米，因为过厚易使珐琅破裂。图5-46中的首饰采用18K金、钛、铜、珐琅作为原材料，在制作过程中运用了珐琅镶嵌品工艺。

图5-46　"Sadness"胸针(卢艺)

(四) 绘制珐琅

绘制珐琅，即用刷子将釉料涂在平的金属表面，烧结并抛光后，再根据图案要求，涂上另一种颜色的釉料，并再次烧结、抛光。这样的过程可连续多次，但每次所涂釉料的熔点应低于前次所涂釉料。这项工艺始见于15世纪的法国，并以巴黎的Limoges学校的工艺最为著名。在绘制珐琅中，最重要的类型是灰调珐琅。图5-47中的吊坠(原材料为925银、珐琅)、图5-48中的胸针(原材料为925银、珐琅、铜)、图5-49中的手镯(原材料为紫铜、珐琅)在制作过程中均运用了绘制珐琅工艺。

图5-47　珐琅吊坠(丁兆平)

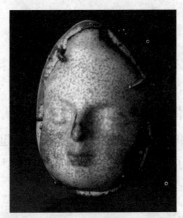

图5-48　"Suntares"胸针(崔允祯)

图5-49　"Naked"手镯(Kate Cathey)

四、木首饰

用木材制作首饰在现代首饰设计中是比较常见的，尤其多见于20世纪中叶的西方首饰作品中。那时，首饰设计刚刚开启现代风潮的大门，各种廉价材料被广泛采用，木材首饰开始流行。

木材作为一种纯天然材料，具有微妙多变的自然纹理和丰富的表面质感，气质内敛而雅致，深受人们的喜爱。通常，用于首饰制作的木材多为较为昂贵的硬木，如花梨木、紫檀、绿檀、乌木、红木、鸡翅木、沉香等，还有一些相对较为廉价的木材，如酸枝木、枣木等。这些木材质地坚硬，色彩多样，能够塑造较为细腻的形体，是制作首饰的上好材料。

木材首饰的制作没有一成不变的工艺程序，而是根据作品的具体要求来选择合适的加工流程。我们可以单一地使用木材，也可以把木材与其他材质相结合来制作首饰。单一的木材首饰具有木雕的美学特征，而多种材质相结合的木材首饰则更具备珠宝首饰的美学特点，图5-50中的手镯，就是采用鸡翅木和银共同制成的。

图5-50 "Sprout"手镯(Mel Miller)

五、漆首饰

在金属表面髹漆其实并不是什么新鲜事，中国古代的漆器就有金属做胎的例子。然而，在首饰制作中，给金属表面髹漆并不多见，即使是在新观念、新技法、新工艺层出不穷的现代首饰作品中亦是如此。

大漆混合其他材质以后，呈现的色彩十分丰富。能够入漆调和的颜料除银朱之外，还有石黄、钛白、钛青蓝、钛青绿，等等。漆艺技法多样，在金属表面髹漆可以获得令人称奇的色彩效果和图案效果。将漆艺运用到现代首饰设计与制作当中，无疑是一个新课题，还有待设计师进一步去探索和实践。

漆艺技法颇多，几乎都可以运用到首饰的金属表面着色工艺制作中，比如贴金箔、银箔，甚至铝箔、铜箔等。"莳绘"工艺就是先用底漆绘出纹样，趁未干时在上面撒上各种金属粉或漆粉，待干后，罩漆将金属粉固定，干后打磨推光，形成丰富的色彩层次和肌理变化。变涂是在金属片上泼下稠漆，然后喷洒稀释剂，使漆被驱散而自然流动，从而获得自然的纹理。在漆饰品中，还能进行镶嵌，比如镶嵌蛋壳，先将蛋壳内的薄膜去掉，以漆做黏合剂，将蛋壳贴在金属片上并用手指轻轻按碎，就可获得自然裂纹，美观耐看。漆饰品还可以镶嵌螺钿、有色宝石、金属片、金属丝、兽骨、薄木片壳等，图5-51中的耳饰就是采用大漆、银、淡水珍珠、螺钿为原材料制成的。将大漆结合炭粉、木粉、铝粉等材质，通过反复堆高、研磨和髹饰，可以获得色彩斑斓的艺术效果，这些艺术效果是其他加工方法所无法得到的。从艺术的角度讲，在金属表面髹漆的技法也是没有标准的，设计师完全可以打破常规，积极探索，反复试验，勤于钻研，这样才能灵活运用技法，获得他人未曾获得的视觉效果。

图5-51　"Wing"耳饰(耿玉花)

首饰制作中金属的用量较大，大漆如何与金属紧密结合，是制作漆首饰首先要解决的问题。一般来讲，在金属上髹漆，金属的表面不必做抛光处理，相反，金属的表面需要处理得粗糙一些，这样可以增强大漆的附着度，大漆干燥后不易脱落。另外，需注意的是，在髹漆之前，所有的高温作业都应该彻底完成，因为漆不耐火烧。所以，制作漆首饰，冷连接是最佳的作品组装方式。

下面以一枚金属漆胸针的制作步骤为例，让大家简单了解下漆首饰的制作过程。

(1) 把较硬的黄铜片裁切成需要的形状，黄铜的表面用较粗的砂纸(320目以下)打磨，甚至可以用锉子尖在表面刮擦，制造粗糙的表面，以利于大漆的附着，如图5-52所示。

图5-52　漆首饰制作(1)

(2) 把胸针的各个部件组装在一起，如图5-53所示，仔细检查制作程序是否正确，是不是所有的高温操作环节都已完成，因为正确的制作程序是漆首饰创作的关键。

图5-53　漆首饰制作(2)

(3) 分别给各个部件髹漆，如图5-54所示，每天只能涂一遍，因为每涂一遍漆之后都要把各部件放入荫房，一天之后，漆才能干透。所以，漆首饰的制作是很费时的。

图5-54　漆首饰制作(3)

(4) 髹漆时，根据最终所需的效果来选择大漆的颜色、涂层的厚度、涂抹的笔触等，如图5-55所示。如果想获得斑驳的色彩效果，就需要涂抹多层色漆，且每层的厚度不要均匀。

图5-55　漆首饰制作(4)

(5) 用较细的砂纸(1500目以上)打磨，使处于下层的色漆随意显露出来，形成斑驳的色彩肌理；再用手指蘸瓦灰和机油来推光漆面，使漆面光洁平整，如图5-56所示。

图5-56　漆首饰制作(5)

(6) 在未干的漆面撒漆粉，待干燥后，再薄薄地涂一层保护漆，进一步固化漆粉，干燥后就形成粗粝的表面效果，如图5-57所示。最后，把各部件组装在一起，完成漆首饰的制作。

图5-57　漆首饰制作(6)

(7) 金属漆首饰完成作品如图5-58所示。

图5-58　漆首饰制作(7)

第三节　宝石镶嵌工艺

在改变金属固有色的同时，人们还利用金属的坚硬性来镶嵌宝石。宝玉石是大自然赐予人类的珍贵礼物，在首饰中的运用由来已久，追溯起来已逾数千年，由此可见，人们对宝石的喜爱和追捧是永恒不变的。

从字面上理解，"宝石"就是"宝贵的石头"，镶嵌到首饰之中，当然不能失去它珍贵的特性。它既能体现佩戴者的财富拥有量，又能彰显佩戴者的品位和权势。那么，在传统的首饰镶嵌法则当中，用于镶嵌搭配宝石的材质大多为贵重材料，如黄金、铂金、白银，等等。在人们的心目当中，只有这些贵重金属才能与宝石匹配，这是从审美价值意义上来说的。如果从工艺的角度来说。这些贵重金属具有极好的加工属性，延展性强，易于制作，绝对是很好的镶嵌材质。

从传统工艺美术的首饰作品中看出，镶嵌技法古已有之，这在许多博物馆的展品中都能看到，古人也已掌握了金属镶嵌宝石的基本技法，如包镶、爪镶以及针镶等技法。不过，由于合金技术不够高超，古人多用纯度较高的金属来镶嵌宝石，金属的纯度高了，硬度就不够，所以古代的首饰镶嵌作品中的宝石往往容易脱落，这是件很遗憾的事情。不过，随着加工技术的提高，以及新的镶嵌用金属的发现和使用，如铂金，硬度是黄金不可比拟的。可以用作镶嵌的金属材料越来越多，新的镶嵌技法也就层出不穷。

将一颗或多颗宝石镶嵌在金属底座上的方法多种多样，有些首饰只使用了一种镶法，有的首饰将几种镶法结合起来一起使用。目前，已知的几十种镶法可大体上归纳为爪镶、钉镶、包镶、埋镶、槽镶。此外，还有一些特殊镶法，如牵引镶、隐形镶、针镶、绕镶等。如今，用于镶嵌的辅助设备越来越先进，提高了镶嵌的精度。用于镶嵌的工具设备也有很多，要想熟练掌握各类首饰镶嵌工艺确非易事，不是一朝一夕就能学到手的。

一、镶嵌的工具与设备

宝石镶嵌中常用的工具与设备如图5-59所示。

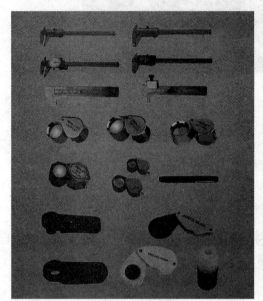

图5-59　宝石镶嵌的工具与设备

(一) 设备

常见的设备有宝石研磨机、珍珠打孔机、玉雕机、切割机、角磨机等，用于宝石原料的切割和研磨、给珍珠打孔等。

(二) 工具

小铁锤和叉子：多用于包镶，可以敲打和延展金属。

各式锉刀：主要用于修整镶嵌之后留下的痕迹。

尖嘴钳：用于将金属爪靠到宝石上，使之牢固。

剪钳：用于将高出宝石台面的爪剪去。

油石和钢针：用于磨制平铲针和三角针。

双头索钳：用于固定各种钢针。

软毛刷：主要用于清扫工件，收集加工过程中产生的粉料。

硬毛刷：用于清除宝石与镶口之间的杂质，如橡皮泥等。

橡皮泥：用于将宝石暂时固定在镶口上。

火漆棒：用于固定待加工的物件，适用于制作易变形的吊件、排链、耳钉等。

戒指夹：用于夹紧戒指。

珠座：用于将爪或钉扣牢到宝石上。

吊机与各式机针：用于打钻位、扩大镶口、打槽位。

二、常见的宝石镶嵌方法

宝石镶嵌在首饰制作工艺中难度最大。不管是镶嵌贵重宝石还是镶嵌廉价宝石，或者非宝石类物品，其镶嵌工艺和种类都是相同的。

高校首饰工作室的镶嵌工艺条件往往处于基本等级，镶嵌工艺课程的课时也较为有限，这些客观条件的限制对学生学习镶嵌工艺造成了一定的困难，所以，高校的首饰镶嵌课程往往扬长避短，在传授基本镶嵌工艺技法的同时，讲解镶嵌的原理，带领学生操作和实践基础的镶嵌工艺，如包镶、爪镶和针镶，有条件的才进一步实践微镶、无边镶等工艺。另外，通过课程的设置以及内容都可以看出，技法只是手段，教会学生利用基本的镶嵌技法来打开自己的设计思路，来探索个性化的镶嵌技法才是目的。

(一) 包镶

包镶，也称为"折边镶"，通常是用焊接方式将一个薄的金属框或环固定到金属底座上充当宝石座，把宝玉石置于座内，然后将座的上部折弯压到宝石上。包镶既适用于弧面宝玉石，也适用于刻面宝玉石。如图5-60所示，当用于弧面宝玉石时，通常包住宝玉石底部并盖住边部，宝石座的高度视弧面宝石的高凸程度而定。当用于刻面宝石时，宝石座的上部要折弯压到腰棱上，有时宝石座内侧还焊有一个薄的金属环，称为"支承"，用来支撑宝石。

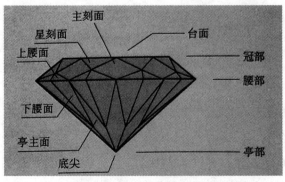

图5-60　宝石各部位的名称

　　包镶的优点是能保护宝玉石，特别是保护宝玉石的腰棱部分，又因金属框或环较薄，只要镶嵌时小心，就不易损伤宝玉石。折边镶的变型有钳镶、盒镶、管镶。

　　包镶是一种最牢固、最传统、最常用的镶嵌方式，一般适用于不透明的宝玉石，光彩内敛，显示平和端庄的气质，是较休闲或简单造型设计常用的方式。图5-61中的戒指采用银、紫晶为原材料，运用了包镶的工艺制作而成。

图5-61　包镶戒指

　　由于包镶工艺的使用率较高，我们在设计制作宝石镶嵌首饰作品时，首先要熟悉的镶嵌工艺就是包镶。下面以镶嵌绿松石戒指为例，介绍包镶工艺的基本原理和流程。

　　(1) 首先是选材，准备底托，也就是镶口所用的银片，以及用做包边的银条，如图5-62所示。镶口银片的厚度一般小于1毫米，面积大于宝石与包边的面积之和。包边的厚度一般小于0.4毫米，其厚度与宝石的体积成正比；包边的高度相对明确，只要高于宝石腰部1~2毫米即可。戒圈所用银片稍厚，1.5毫米左右，可保证一定的硬度。

图5-62　包镶(1)

　　(2) 把银包边紧贴绿松石的腰部弯曲，确保包边与绿松石之间不见缝隙，这样可以保证镶嵌的稳固性与贴合度。如果由于金属发硬致使包边不能紧贴绿松石，可以给包边高温退火，退火后的银边重新变软，可以继续围边，直至紧密贴合绿松石，如图5-63所示。此外，用焊接法焊好戒圈，备用。

图5-63 包镶(2)

(3) 使用高温焊料把银包边焊接到早已备好的银片上,这道工序较为重要,因为银片是镶嵌绿松石的唯一依托。焊接时注意把焊料放在包边的外围,这样可使镶口的内部保持平整洁净,便于后面步骤的操作,如图5-64所示。

图5-64 包镶(3)

(4) 焊接好包边之后,可以用锯子依照包边的外围去掉多余的金属,如图5-65所示。

图5-65 包镶(4)

(5) 在焊接包边与银戒圈之前，应该用锉子为包边修边，使包边外围与底托银片融为一体，不可见焊缝。使用锉子修边之后，还可用砂纸打磨，进一步加强镶口的平整度，以便执行下一步操作，如图5-66所示。这样，绿松石的镶口就基本完成了。

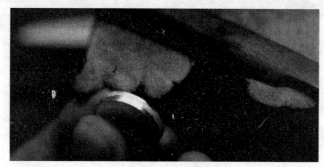

图5-66　包镶(5)

(6) 完成镶口的制作后，需要把镶口与戒圈焊接在一起，如图5-67所示。同样，焊接之前，戒圈也要处理得平整光滑，因为戒圈与镶口形成的夹角或缝隙比较狭窄，无法对其进行正常的打磨，从而留下打磨的盲区，影响作品的最终效果，所以焊接前一定要把打磨工作做到位。

图5-67　包镶(6)

(7) 戒圈完成焊接后，把绿松石放进镶口中，试一试松紧度，如图5-68所示。如果绿松石不能轻松地放置到镶口中，切不可强行推入，否则一旦推入后取不出来，就会导致后续步骤无法进行。

图5-68　包镶(7)

(8) 按照宝石入位的松紧结果来处理镶口的内部，用菠萝针可去掉多余的金属以及修整包边，如图5-69所示，直到绿松石可以轻松地放进镶口中。

图5-69　包镶(8)

(9) 把绿松石放进镶口中，用平錾子呈45°轻推银包边，使包边贴合绿松石，直到绿松石被银边紧紧地包住，没有任何晃动为止，如图5-70所示。镶嵌时用力应该均匀，切不可急于求成。绿松石被固定后，再用砂纸轻轻打磨金属部分，最后用布轮对作品进行打蜡抛光，完成作品的制作。

图5-70　包镶(9)

(10) 包镶绿松石戒指完成，如图5-71所示。

图5-71　包镶(10)

(二) 爪镶

爪镶，是靠镶爪压在宝石腰棱上方，从而将宝石固定的镶嵌方法。爪镶是一种常用的宝石镶嵌方式，适用于戒指、吊坠、胸针、手链等多种类型的首饰和各种琢型的宝石，也是目前市场上最受欢迎的独粒宝石首饰的镶嵌样式。

爪镶适合镶嵌透明的宝石，用较长的金属爪紧紧扣住宝石，最大的优点就是金属很少遮挡宝石，能清晰地呈现宝石的美态，并有利于光线以不同的角度入射及反射，令宝石看起来更大、更璀璨，充分表现宝石的玲珑剔透。

镶爪可以通过切割宝石座制成，也可以钎焊在宝石座的外侧。除人工制作外，浇铸或模冲工艺也广泛使用。视设计要求，镶爪的高度和形状多种多样，常见的爪形有三角爪、圆头爪、方爪、尖角爪、角爪、对爪、随形爪。镶爪数量也不一样，一般可分为两爪镶、三爪镶、四爪镶和六爪镶(见图5-72)。镶爪少时，对金属的牢固度要求很高。时下大颗粒的独立钻戒就流行六爪蒂凡尼镶，公主方型宝石可以采用四爪镶，大粒宝石一般采取两小爪并成一爪的形式。

图5-72　两爪镶、三爪镶、四爪镶和六爪镶

有时，镶爪也可以作为设计亮点。例如，图5-73中的戒指不仅体现出镶爪的功能性，也体现出镶爪的装饰性，镶爪被别出心裁地安排在宝石腰棱的中部位置，镶爪的尺寸被适当放大，形成光滑明亮的金属面，与镶嵌其中的鲜艳的红宝石形成色泽对比，透出简洁现代的气息。

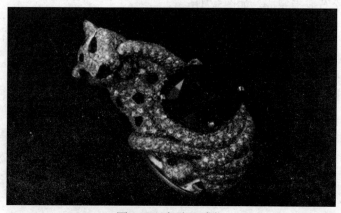

图5-73　卡地亚戒指

镶爪内侧通常有凹槽(卡口)用来卡住宝石的腰棱，使镶嵌更为牢固。但将宝石的腰棱卡入凹槽时，腰棱所受的压力很大，一些较软、易碎的宝石难以承受，此时可考虑采用镶爪顶部以下渐薄的办法来替代凹槽。

(三) 钉镶

钉镶，也称为"珠镶""起钉镶"，是利用金属的延展性，在金属材料上镶口的边缘位置，用工具铲出几个小钉来固定宝石的方法。以戒指为例，操作方法是，在戒环的金属表面，环绕宝石用钢针或钢铲将金属挑起做成小的珠粒，靠珠齿压住宝石的腰棱，从而将宝石固定。珠粒的数量和分布位置视设计需要而定，一般可以分为两钉、四钉及密钉等。因挑起的珠粒比较小，只能固定住小的宝石，故钉镶大多用于贵重首饰上镶嵌小的副石，而主石则多用其他镶嵌方式。当前非常流行的密镶首饰所镶的全部都是小的宝石，因此整件首饰都采用钉镶，强调小颗粒宝石的群体效应，而不是单颗宝石的作用，其华丽的造型和闪烁的光彩能达到很好的视觉效果(见图5-74)。

图5-74　胸针(蒂芙尼)

(四) 埋镶

埋镶，也称为"平镶"或"闷镶"，主要特点是不使用宝石座，而是在加宽加厚的戒环上部挖出一个洞，把宝玉石放入洞中，然后将周边的金属推向宝玉石，并将宝玉石部分地覆盖(见图5-75)。通常，宝玉石冠部被覆盖的面积为5%～10%。埋镶属于一种比较牢固的镶法，特别适合于男士戒指。但操作难度较大，又因镶嵌过程中宝玉石受到的压力较大，故较适用于坚硬的宝玉石。埋镶的变型有吉卜赛镶、冠镶、围镶。

图5-75　梵克雅宝

(五) 轨道镶

轨道镶，也称为"夹镶""槽镶""逼镶""迫镶""壁镶"。具体的操作方法是把尺寸相同或等差排列的阶梯形或圆形明亮琢形宝石成行排列，夹在两个金属壁之间，壁的内侧有凹槽用于固定宝石。有时两个金属壁之间在下方有横梁相连，起到支撑宝石的作用，但宝石与宝石之间没有金属相隔。轨道镶看不到镶口，一般以表现宝石为主，比较华丽。图5-76中的戒指就采用了轨道镶的方式，将锆石镶嵌在由925银制成的戒环中，非常夺目。

图5-76　戒指(曾嫚)

(六) 隐形镶

隐形镶，通常是将方形、琢形且尺寸固定的小颗粒宝石，如红、蓝宝石的底面琢出"V"字形沟纹，将宝石一颗颗地嵌进带有细薄镶框的网状金属条内，每颗宝石滑入金属条内且相互紧密贴合，多排宝石密集排列成片状。隐形镶的最后效果是将金属底座隐藏起来，只看到整片宝石外围绕有细金属丝，宝石与宝石紧密排列，每块宝石之间没有任何金属角爪，充分显示出宝石的光泽(见图5-77、图5-78)。

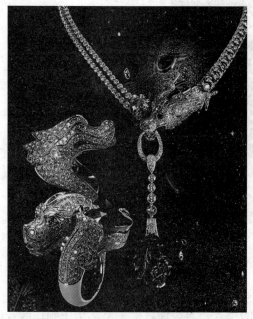
图5-77 "Dragon"系列(卡地亚)

图5-78 钻石项链(Cindy Chao)

(七) 孔镶

孔镶也称"针镶"，通常用于珍珠的镶嵌(见图5-79、图5-80)。具体做法是在金属上垂直焊接一个细细的金属插针，将金属针涂抹胶水并插入珍珠底端的小孔中，从而粘住珍珠。这种方式对珍珠几乎无任何遮挡，使珍珠的美丽得以展现。

图5-79 珍珠项链

图5-80 "一念间花开如梦"(2016级毕业设计，许雯)

孔镶简单易学，适用人群范围广泛，现以一个异形珍珠胸针为例，介绍孔镶的操作步骤。

(1) 剪裁一块厚度为1毫米、直径为7厘米的银片，将表面打磨平整，用于制作胸针的主体部分，如图5-81所示。

图5-81 孔镶(1)

(2) 运用立体锻造工艺将圆银片敲成半球体，也就是一个小碗之后，用锉子尽可能地锉去锤痕，使小碗的外表平整光滑，如图5-82所示。

图5-82 孔镶(2)

　　(3) 在小碗的底部焊接一个圆环，再在圆环上分别焊接双别针的锁头和扣头，如图5-83所示。

图5-83　孔镶(3)

　　(4) 在小碗的内壁焊接一小块银片，再在底部焊接四根银丝，其直径应比两颗异形珍珠底部的孔洞直径略小。尝试把珍珠安放在银丝上，检查银丝是否可以顺利插进珍珠的孔洞中，如图5-84所示。

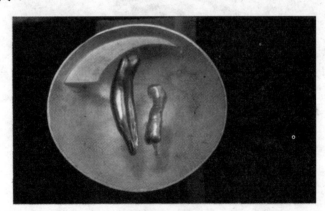

图5-84　孔镶(4)

　　(5) 用深褐色PVC材料制作一块菊石装饰片，这块装饰片的凹槽中可以安放异形珍珠，如图5-85所示。

图5-85　孔镶(5)

(6) 四根银丝穿过PVC装饰片，在银丝顶端涂抹AB胶，趁胶未干之际，迅速把珍珠装上，如图5-86所示。此时不可移动珍珠，待24小时之后，AB胶完全干透，孔镶完成。异形珍珠胸针如图5-87所示。

图5-86　孔镶(6)

图5-87　孔镶(7)

参考文献

[1] 陈征，郭守国. 首饰设计与鉴赏[M]. 上海：学林出版社，2008.

[2] 伊丽莎白·奥尔弗. 首饰设计[M]. 刘超，甘治欣，译. 北京：中国纺织出版社，2004.

[3] 胡俊，陈彬雨. 金工记：金工首饰制作工艺之书[M]. 北京：中国纺织出版社，2018.

[4] 孙嘉英. 首饰艺术[M]. 沈阳：辽宁美术出版社，2006.

[5] 任进. 首饰设计基础[M]. 北京：中国地质大学出版社，2004.

[6] 郑静，邬烈炎. 现代首饰艺术[M]. 南京：江苏美术出版社，2002.

[7] 邹宁馨，伏永和，高伟. 现代首饰工艺与设计[M]. 北京：中国纺织出版社，2005.

[8] 任进. 首饰设计[M]. 北京：海洋出版社，1998.

[9] 任绘. 首饰设计[M]. 重庆：西南师范大学出版社，2004.

[10] 郭守国. 珍珠——成功与华贵的象征[M]. 上海：上海文艺出版社，2004.

[11] 干大川. 首饰设计与加工[M]. 北京：化学工业出版社，2005.

[12] [日]浜本隆志. 戒指的文化史[M]. 钱杭，译. 上海：上海书店出版社，2004.

[13] 朱中一. 首饰加工[M]. 广州：广东高等教育出版社，1999.

[14] 黄奇松. 黄金首饰加工与鉴赏[M]. 上海：上海科学技术出版社，2006.

[15] 王玉民. 首饰镶嵌学[M]. 天津：天津社会科学院出版社，1998.

[16] 田自秉. 中国工艺美术史[M]. 上海：东方出版中心，1985.

[17] 许正龙. 雕塑学[M]. 沈阳：辽宁美术出版社，2001.

[18] 狄玉昭. 首饰的历史[M]. 哈尔滨：哈尔滨出版社，1998.

[19] 石青. 首饰的故事[M]. 天津：百花文艺出版社，2003.

[20] 南京市博物馆. 金与玉——公元14—17世纪中国贵族首饰[M]. 上海：文汇出版社，2004.

[21] 《北京文物鉴赏》编委会. 明清金银首饰[M]. 北京：北京美术摄影出版社，2005.

[22] 南京市博物馆. 明朝首饰冠服[M]. 北京：科学出版社，2000.

[23] 紫禁城出版社. 故宫藏清代后妃首饰[M]. 北京：紫禁城出版社，1998.

[24] 黄能馥，陈娟娟. 中华历代服饰艺术[M]. 北京：中国旅游出版社，1999.

[25] 日本宝石学院. 首饰设计绘图入门[M]. 首饰界杂志社，译. 台北：经纶图书有限公司出版，1995.

[26] 陈钟惠. 珠宝首饰英汉汉英词典(上、下册)[M]. 武汉：中国地质大学出版社，1999.

首饰设计教学与校企合作

第一节　校企合作的意义

随着中国教育体制改革的不断深入，教育部明确提出，高校在教学基本框架内可以进行多元化和创新，并鼓励企业参与高校的建设，校企合作将成为未来高校发展的趋势。

高校是企业的人才培养基地，高校与企业的合作不应以经济效益投入产出比例来衡量，应该是以培养符合社会所需人才为最终目标。在校企合作中，高校应主动回应合作企业的利益需求，培养校企双方互惠共赢的利益基础。在校企合作过程中，应把双方的利益最大化，寻求并完善校企合作利益长效机制，将"合作办学、合作育人、合作就业、合作发展"作为校企合作的最终目标。要保障校企合作长期健康发展，就必须建立满足双方诉求的协调机制，通过协调机制来解决双方的利益冲突和矛盾，同时要制定严格的制度来规范双方的合作行为，努力提高双方利益的兼容性。

通过校企合作，学校可以获悉当前社会对相关专业人才的需要和该专业未来发展动向，以实时修订教学大纲，转变培养方向，调整教学方法和教学内容。因为企业对市场具有高灵敏度，其反馈的信息使学校在培养人才方面更具针对性，并容易产生立竿见影的效果。通过一系列有针对性的教学调整和严格的系统训练，学生掌握了扎实的专业知识，并具有丰富的实践经验，自然会在同行的竞争中脱颖而出，成为市场的生力军。

通过校企合作，学校可以优化专业结构，制订新的人才培养计划，探索新专业、新课程，提高教师的教学和科研水平，提升专业建设的内涵，使得人才培养更具职业性、延续性、实用性。服务于社会是高校的职能之一，通过一系列的调整和创新，让专业建设更加完备，有助于高校培养出更多符合社会需求的多元化人才，从而增强高校的核心竞争力，进而有利于专业持续健康的发展。

通过校企合作，企业可以充分利用高校教师资源，让高校教师参与企业项目的科研或开发，提高企业团队的科研创新能力，提升员工的整体素质，提升企业文化。校企合作可以为企业储备人才，保障企业人才资源处于长期稳定的状态，有利于企业持续发展，使企业在竞争中拥有核心的人才资源优势。

一、校企合作的建立

2014年8月28日上午，沈阳大学校企合作(企业命名班级)签约仪式在沈阳大学体育馆会议中心隆重举行。沈阳大学美术学院与辽宁东祥金店首饰有限公司(以下简称"东祥")签订了以企业命名班级的合作协议(见图1)。根据协议，学院将与企业共同建立"东祥工艺班"。学院将与企业对公共艺术系学生实施全新的人才培养模式，即学校与企业联合制定人才培养课程体系，联合组建师资队伍，联合开展端口前移式的实习实践，构建校企协同育人体系，成立首饰工作室。首饰工作室是由学院提供场地和设备支持，企业提供技术，以优化教学、提高本专业学生设计实战能力为目的。工作室面积约120平方米，总投资80万元。

图1　东祥与学院进行合作协商

二、校企合作的进程

从2015年4月3日开始，每学期伊始，首饰工作室的新生都会在工作室负责人曾嫚老师的带领下，到位于沈阳大学南院17号楼的东祥实践教学基地参观学习(见图2)。

图2　学生参观东祥加工车间

安排组织这样的活动的目的包括：首先，通过让学生进入企业，对自己所学专业理论在实际生产过程中的应用有一个初步的了解，同时对自己将来要从事的职业环境有一个真实的体验；其次，通过企业的管理人员和技术人员的介绍，让学生们对岗位的职业技能和职业精神有所知晓，为将来的就业做好准备；再次，对于企业来说，也需要通过这样的参观和学习活动来了解沈大美院学生的素养和精神面貌，为进一步与学校开展合作提出建议和要求。这种形式的参观和学习给学生们留下了深刻的印象，不仅开阔了眼界，增长了见识，更重要的是近距离地体验了首饰加工制作过程，这是在学校课堂里很难学到的知识和技能。

第二节　校企合作的成果

工作室采用教师与学生双向选择的形式吸纳学生。目前由专业教师负责学生的大三、大四两年教学任务，开设了"金属工艺基础""金属材料工艺""金属饰品设计""雕蜡起版""宝石镶嵌"等多门专业理论课程和实践操作课程(见图3～图7)。在课堂上对学生进行首饰设计理论及首饰加工制作方面的专业理论教学，以及在工作室和东祥实践基地进行实践操作练习，使学生把理论和实操完美结合，让每个学生都可以自己设计，自己动手，能把作品更好地与企业需求和市场相结合。几年来，教师带领学生与企业进行了多次深入合作互动及接轨的设计实践。

图3　东祥高级雕蜡技师为15级首饰工作室学生示范教学

图4　学生进行雕蜡起版

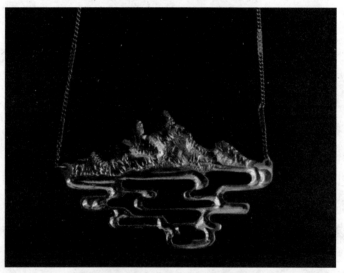

图5　雕蜡起版课学生作品(冷诗坤)

图6　学生进行宝石镶嵌

图7　学生操作金工

在15级公共艺术系首饰工作室的课堂教学中，我们聘请了雕蜡大师和镶嵌技师对学生进行了有针对性的技术指导，使他们的首饰制作加工技术更趋向全面专业。

首饰工作室携手东祥分别于2014年12月11日、18日、22日进行了首饰设计制作工艺流程系列讲座，聘请了东祥的高级技术人员为特聘讲师，他们以影像资料和实际操作演示的形式，向公共艺术系的师生们详细介绍和讲解首饰制作的工艺流程，如此近距离地与企业首饰制作人员进行交流和学习，这对师生们来说是一次非常珍贵的学习首饰制作工艺的机会！

随着科技的发展，3D打印技术也逐渐应用在首饰制作中。我们在首饰工作室中选拔出合适的学生，培养其3D打印首饰的电脑设计和操作能力。在3D打印首饰的高科技领域中，我们紧跟时代和行业步伐，为学生就业和企业人才引进做好准备(学生3D打印作品见图8，原材料为PVC、925银)。

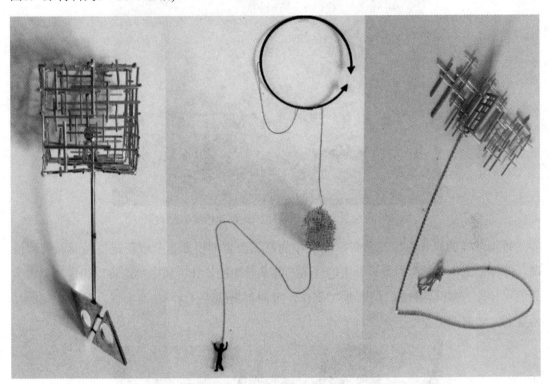

图8 "牢笼"系列(2019级毕业设计，朱均西)

一、企业成果

2016年6月13日，东祥领导和部分员工参观了2016年金属工作室毕业设计作品(见图9、图10)。此次毕设作品的贵金属部分为首饰工作室与东祥首饰有限公司第二次合作成果，由首饰工作室师生设计，由东祥制作完成。作品共20套，近100件，作品质量得到了校领导、企业领导及社会各界的高度认可。

图9　企业领导参观2016年首饰专业毕业设计展览

图10　企业员工与系领导和毕业设计指导教师合影

　　每年东祥的设计总监和负责产品制作的厂长会定期根据企业市场定位及商品营销情况，向首饰工作室学生布置设计主题任务，并从学生的设计手稿中挑选可以制作加工出成品的可行性方案(见图10)，进行加工制作，推向市场(见图11)，从而实现企业与学院的互帮互助，实现真正的校企合作！

图10　企业挑选设计方案

图11　推向市场的校企合作新品

二、学生成果

2017年开始，我们安排有意愿到企业实习的学生利用寒暑假和课余时间在东祥教学实践基地进行无薪顶岗实习(见图12)，他们跟技师们一起工作，完成企业生产任务和订单，全面接触首饰制作生产的所有流程，并帮助16级毕业生进行毕业设计制作，为企业分担了工作量，同时提升了自己的技术能力，得到企业负责人的高度认可。15级学生张睿的首饰设计和制作能力得到企业领导的认可，目前就职于企业设计部。

图12　学生在企业实习

多年的校企合作使学生在国家、省市各级比赛中均获得了可喜的成绩，具体包括：

2014年5月 孙振 获首届"辽宁省工艺美术设计与制作大赛"校企合作作品《吉祥如意》银奖(省级)——指导教师 曾嫚

2015年7月 龚明 首饰作品《摇曳》获"梦之青春——第二届辽宁青年美术新人新作展"(省级)银奖——指导教师 曾嫚

2016年6月 龚明 首饰作品《默》获"辽宁省普通高校美术类专业师生作品评比活动综合类"一等奖(省级)——指导教师 曾嫚

2016年4月—2017年4月 校级大学生创新创业计划项目 《梦想家——大学生创意手作公社》——指导教师 曾嫚

2017年12月 吴迪 《植觉》 入选2017首届中国高校首饰设计专业优秀毕业设计作品展(国家级)——指导教师 曾嫚(图)

2017年12月 龚明 《魅惑》 入选2017首届中国高校首饰设计专业优秀毕业设计作品展(国家级)——指导教师 曾嫚

2017年12月 王振宇 《痕迹》入选2017首届中国高校首饰设计专业优秀毕业设计作品展(国家级)——指导教师 曾嫚

2019年10月 张睿 《渴望》 入选"第十届学院手工艺展"(国家级)——指导教师 曾嫚

2019年10月 赵猛 《世本常态》 入选"第十届学院手工艺展"(国家级)——指导教师 曾嫚

2018年4月—2019年4月 学生团队 省级大学生创新创业计划项目 《青创空间》——指导教师曾嫚

附录图片：首饰工作室部分学生毕业设计作品

(1) 刘力赫，2019年毕业设计(见图13)；原材料：树脂，铜；指导教师：曾嫚。

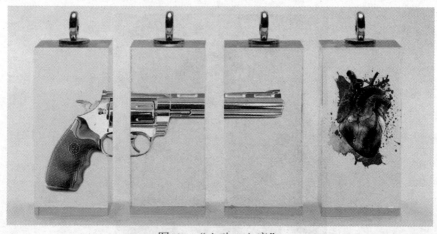

图13 "心动·心痛"

(2) 赵猛，2019年毕业设计(见图14)；原材料：925银，漆；指导教师：曾嫚。

图14　"世本常态"系列

(3) 张睿，2019年毕业设计(见图15)；原材料：925银，铜；工艺：3D打印；指导教师：曾嫚。

图15　"渴望"系列

(4) 孙露，2019年毕业设计(见图16)；原材料：925银，铜，原石；指导教师：曾嫚。

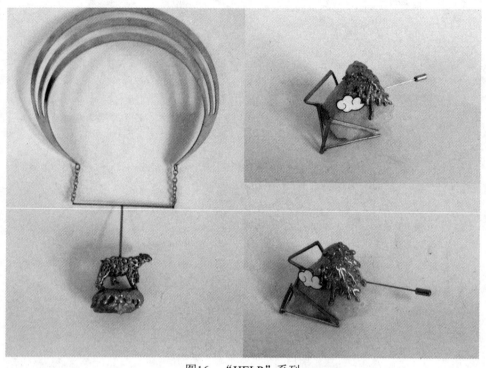

图16　"HELP"系列

(5) 孙宏佳，2019年毕业设计(见图17)；原材料：925银，铜，PVC；工艺：3D打印；指导教师：曾嫚。

图17　"围城"

(6) 陈晨，2017年毕业设计(见图18)；原材料：925银，刺绣，珍珠；指导教师：曾嫚。

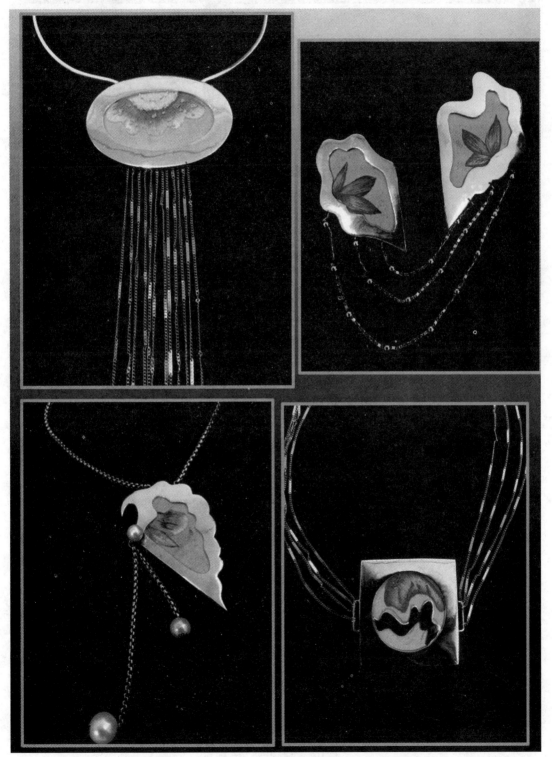

图18　"蝶恋花"系列

(7) 王平，2017年毕业设计(见图19)；原材料：925银，铜，原石；指导教师：曾嫚。

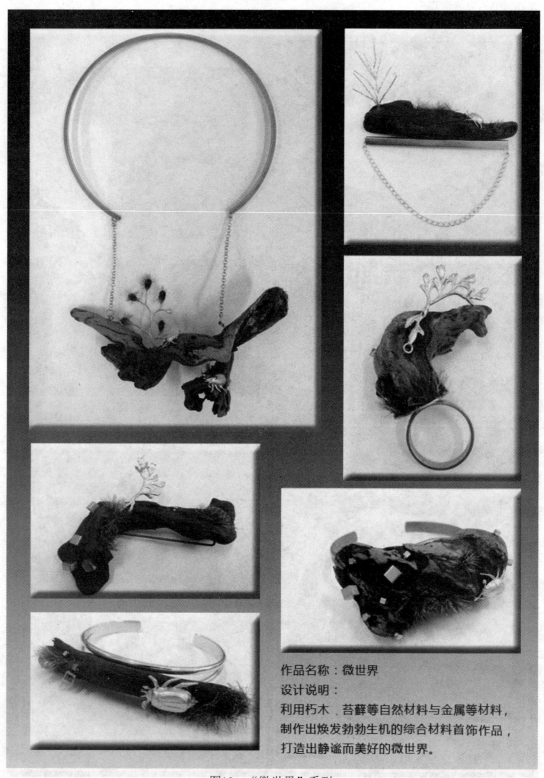

作品名称：微世界
设计说明：
利用朽木、苔藓等自然材料与金属等材料，
制作出焕发勃勃生机的综合材料首饰作品，
打造出静谧而美好的微世界。

图19 "微世界"系列

(8) 龚明，2015年毕业设计(见图20)；原材料：925银、原石；指导教师：曾嫚。

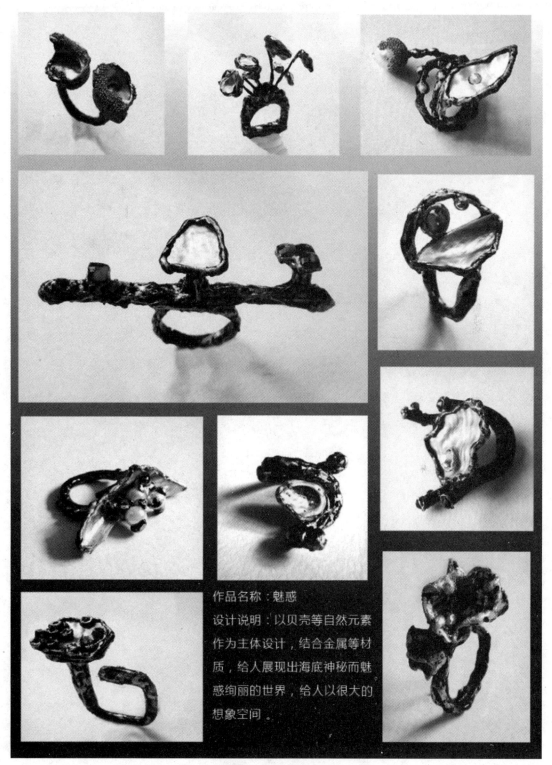

作品名称：魅惑

设计说明：以贝壳等自然元素作为主体设计，结合金属等材质，给人展现出海底神秘而魅惑绚丽的世界，给人以很大的想象空间。

图20　"魅惑"系列